JN081351

組織を変える5つの対話

対話を通じてアジャイルな組織文化を創る

Douglas Squirrel、Jeffrey Fredrick　著
宮澤 明日香、中西 健人、和智 右桂　訳

Conversations

Transform Your Conversations,
Transform Your Culture

DOUGLAS SQUIRREL
and JEFFREY FREDRICK

IT Revolution
Independent Publisher Since 2013
Portland, Oregon

本書は、株式会社オライリー・ジャパンが IT Revolution Press, LLC との許諾に基づき翻訳したものです。日本語版についての権利は、株式会社オライリー・ジャパンが保有します。

日本語版の内容について、株式会社オライリー・ジャパンは最大限の努力をもって正確を期していますが、本書の内容に基づく運用結果について責任を負いかねますので、ご了承ください。

推薦の言葉

この非常に実用的ですぐに使える本は、私たちが持っていることにさえ気づいていない、最も強力で効果的なアジャイルツール、すなわち対話についての失われた取扱説明書だと言えます。この素晴らしいマニュアル^{R T F M : R e a d T h i s F a b u l o u s M a n u a l}を読みましょう。

—— **アルベルト・サヴォイア**、グーグル初のエンジニアリング・ディレクター、

『The Right It』の著者

本書は、強くしなやかな職場関係の土台となる重要な話し合いの方法について、また、対話がうまくいかなくなったときのトラブルシューティングのテクニックについて、きわめて役に立つガイダンスとなっています。実践的な実例が満載の本書は職場でのやりとりにいら立ちや戸惑いを覚えたことのある人にとっての必読書です。

—— **エリザベス・ヘンドリクソン**、テクノロジー・エグゼクティブ、

『Explore It!』の著者

企業におけるプロセスや製品の改善については、これまで多くの本が書かれてきました。この本がついに人間について取り上げてくれたことをとてもうれしく思います。この実践的なガイドブックを通じて聞きにくいことを質問し、偏見を捨て、自身のコミュニケーションを改善することを学んでください。難しいと感じたら、もっと頻繁に練習しましょう！

—— **パトリック・デボワ**、DevOpsDays の創設者、

『The DevOps Handbook』の共著者

本書は、エンジニアがモニタリング、トラブルシューティング、デバッグに関する対話をするのにも役に立ちます。質問分数のようなヒューリスティクスは驚くべきもので、シンプルで記憶に残ると同時に、驚くほど洞察に富んでいます。この本を読んで、あなたのコミュニケーション・スキルを超能力に変えましょう。

—— **ゴイコ・アジッチ**、著述家、
ネウリ・コンサルティングのパートナー

リーダーの立場にある人、あるいは職場風土全般の改善に関心のある人には必読書です。

—— **アンディ・スキッパー**、CTO クラフトのチーフコーチ

もしあなたが、壊れたチームコミュニケーションや機能不全に陥った組織文化を修復するのに役立つ実践的なフレームワークやテクニックを探しているのなら、本書を読むべきです。本書が教えてくれるのは単なる診断だけではありません。5 つの対話を通して、壊れた組織文化を健全でパフォーマンスの高いものに変えるための道を示してくれます。

—— **ポール・ジョイス**、ゲッコーボード創設者兼 CEO

スクイレルとジェフリーの鋭い文章と実戦で培われたテクニックにより、本書は誰もが直面する複雑性の爆発の中で成功を収めようとする現代のエンジニアリング・リーダーにとって必読の書となっています。

—— **クリス・クリアフィールド**、
『巨大システム失敗の本質』（東洋経済新報社、2018 年）の共著者

本書はきわめて示唆に富むにも関わらず読みやすい本です。著者の 2 人による、理論に基づき組織を改善するためにはより良い対話に注力すべきだという指摘はまさに正鵠を射ています。

—— **リッチ・コッペル**、TIM グループ共同創設者兼 CEO

私たちが抱える「テクノロジー」に関する問題のほとんどが、実は「人間」に関する問題であることは、この業界におけるあまり知られていない秘密の一つです。本書において、ジェフリーとスクイレルはこれらの問題の解決はより良い対話をすることによって可能になると主張し、丁寧に整理された形でアドバイスを提供してくれていて、技術者たちにとって心強い助けとなっています。

—— **ジョン・トッパー**、ザ・スケール・ファクトリー創設者兼 CEO

企業文化を変えるには信念とスキルが必要です。本書を読めば、勇気を奮い立たせて危険を回避しながら成功に辿り着くためのロードマップが手に入ります！ 協力的で協調的な組織を作りたい CEO にとっては傑作です。

—— **ブレント・デレヘイ**、ターンアラウンド・スペシャリスト、CEO

本書を読めば、自分自身が言わなかったことを自覚して背景にある不安を安心して相手に伝える方法を身につけて実践できるようになります。

—— **レベッカ・ウィリアムズ**、QA Chef のソフトウェア・エンジニア

リアンとリサに

はじめに

読者の方々へ

　会社のリーダーであるあなたは、これまで変革を全面的にサポートしてきました。スタッフも変革を受け入れて動いています。コンサルタントを雇って、チームをトレーニングしてもらい、プロセスも整いました。しかし、期待したような成果がついてきません。なぜ、うまくいかないのでしょう？

　現場のあなたは、エンジニア、プロダクトオーナー、スクラムマスター、システム管理者、テクニカルリード、テスターといった「手を動かす立場」で、トレーニングを受け、チケットを書き、ミーティングに出席してきました。これまで改善に向けて取り組んできて、来る日を心待ちにしています。しかし、期待したような成果がついてきません。なぜ、うまくいかないのでしょう？

　長年の研究と多くの失敗を経て私たちが学んだのは、変革を成功させるためには**数々のプラクティスを採用する**だけではなく、**慎重を要する対話に取り組む**べきだということです。その対話によってプラクティスが機能するための適切な土壌が整えられるのです。あなたや上司、そしてあなたのチームに欠けているのは適切な人間関係です。そして、人間関係を築くためには適切な対話が欠かせません。でも安心してください。対話を見直せばあらゆる改善の基盤を整えられるのです。対話を変え、人間関係を改善し、最終的な成果に繋げましょう。

　これまで何度も目にしてきたことをお話ししましょう。私たちは今まで、100を超える組織で、様々なテーマで、組織のあらゆる階層の人を相手にコンサルティングを

行ってきました。そこで、色々な相手と話をしました。CEO、最年少の開発者、多国籍銀行のマネージングディレクター、オンライン小売業者のオペレーションエンジニア、プロダクトオーナー、プロジェクトマネージャー、デザイナー、開発者、その誰もが口を揃えてこうぼやくのです。「なんで**あいつ**はもっとうまくできないんだ？ どうして**あの人**は変わってくれないんだろう？ 私にはどうしようもない。なんて無力なんだ」

　物事を変革できないという不満や絶望は、これまで私たちのクライアントとなったあらゆる組織のあらゆる階層の人が共通して感じていたものです。私たち自身も例外ではないからこそ、共感を覚えるのです。

　そこで、私たちは胸を張って別のやり方を提案してきました。すなわち、対話の力を使うのです。対話というものは、自己開示と他者理解を重視して臨めば偉大な力を発揮するのです。

　個人やチーム、そして組織全体が優れた対話力を開花させることで立ち直り、想像を超える速さで改善を進めていくのを、私たちは何度も目にしてきました。例えば、作家と営業担当が話し合い、作家目線の発想を取り入れることで売上を伸ばした児童書出版社、戦略策定に全員を巻き込み、ユーザー満足度を大きく向上させた AI スタートアップ、失敗について厳しく議論し、システムを安定稼働させた金融サービス会社などです。

　対話というものが単なるおしゃべりではなく、スキルを要するものであることを学べば、素晴らしい成果がついてきます。対話で大事なのは、見たもの聞いたものだけではありません。言ったり飲み込んだりした言葉の裏には、語られることのなかった考えや感情があるのです。

　対話がうまくなると、自分が**何を**考え、感じているのか、それが**なぜなのか**をより意識できるようになり、うまく相手と共有できるようにもなります。また、自分にはテレパシーがない、つまり相手の考えや感情が本当の意味でわかるわけではないと自覚できるようになり、問いを投げかけたり、答えに耳を傾けたりすることがうまくなります。このスキルは非常に基礎的なものでありながら、あまりに軽視されています。だからこそ、このスキルが上達すれば私たちの対話ははるかに生産的になり、より協力的な組織文化を作れるようになるのです。

　組織文化に関する問題を**特定して分析する**方法を扱う書籍は数え切れません。そこでは詳細なケーススタディやストーリー、診断テスト、従うべき多くのプラクティス、

協力を促す熱心な呼びかけ、そして使用するツールなどについて書かれています。しかし、実際にその問題をどのように解決するのか、どのように変化を起こすのか、行き詰まったときにどうすればいいのかについて有意義なことを述べているものはほとんどありません。

例えば、パトリック・レンシオーニの『あなたのチームは機能していますか？』（翔泳社、2003 年）では、架空の会社「デシジョンテック」の衰退と復活が詳細に描かれています。この企業の寓話を通して、レンシオーニは機能不全ヒエラルキーの理論を展開しています。すなわち、結果への無関心は説明責任の回避から生じ、それが、コミットメントの欠如につながり、さらに対立への不安と信頼の欠如に至るというのです [1]。しかし残念なことに、機能不全に気づいたとき、そこから回復するための実践的なアドバイスはほとんど書かれていません。

レンシオーニは信頼関係を築くには、「個人的な過去を話す」、「チームメンバーの最も重要な強みと弱点を話し合う」、「フィードバックを提供する」、「性格分析を行う」、「ロープコースに参加する」の 5 つのうちどれかを行えばいいとしています [2]。確かに、それでチームが仲良くはなるかもしれませんが、実際に信頼を築けるという根拠や裏付けはありませんし、うまくいかなかったときの代替案は何も提示されていません。

このような形で読者を置き去りにしているのは、レンシオーニだけではありません。ビジネスの寓話、DX ガイド、アジャイルマニュアルなどを読めば、自分の組織文化の何が問題なのかはわかりますが、それをどう解決するかはわからないままです。その結果、正しいとされているプラクティスをあれこれ導入しているのに成果につながらないという事態に、様々な企業が直面しています。その原因は、組織文化における「かすがい」に手を入れていないことにあります。「かすがい」があって初めて、他のプラクティスが機能するのです。

本書で紹介されている対話メソッドを使えば、チームの組織文化に問題があるとわかるだけでなく、実際にその問題を解決できるようになります。自己開示と他者理解を重視して慎重を要する対話に臨むことによって、チームがゆるぎない信頼を築き、不安を和らげ、その他の大切なことを改善していくところを私たちは何度も目にしてきました。そして、この手法がどのように機能し、なぜうまくいくのかは簡単に説明できます。ぜひ本書を読んでください。

熱心に取り組めば、**痛みを伴う率直なコミュニケーション**を行うスキルを身につけ

られますし、そのスキルを活かしてチームが成功する環境を作れるようになります。しかし、このスキルを身につけるのは簡単なことではありません。友人のマーク・コールマンの言葉を借りれば、あらゆる場面で「慎重を要する心の機微に触れるような取り組み」[3] が要求されます。辛い話題に立ち向かう不安も克服しなければなりません。心理的ハードルの高い話し合いに挑むのを避けて、コンサルタントを呼んだり、バーンダウンチャートを整えたり、管理指標を追加したりして済ませたいと思うことも一度や二度ではないでしょう。しかし、本書で紹介する「5つの対話」をすべてを身につけたメンバーの集まる組織で働くことほどやりがいのあることはないと断言できます。向上心のある人にとっては、楽しい習慣になるでしょう。

　ぜひ、対話のスキルを学び、育み、実践する輪に加わってください。

対話を続けましょう

ジェフリー ＆ スクイレル

本書の構成

　本書は 2 部構成となっています。第 I 部では、基礎となる考え方や理論について、第 II 部では、対話のツールについて解説しています。

　1 章は、ソフトウェアの歴史について少し触れています。テクニックをすぐ知りたい人はこの章を飛ばしても構いませんが、アジャイルやリーン、DevOps の起源に興味がある人は読んでみてください。この 25 年間にソフトウェア業界を一変させた劇的な変化について見ていき、うまくいったことといかなかったことの両面で、私たちが経験してきたことをふりかえります。

　1990 年代、大量生産のパラダイムのせいで「ソフトウェア工場」というビジョンが描かれました。工場で働く人々が組立ラインに縛られた交換可能な歯車になることを期待されたように、ソフトウェアの専門家もまた、交換可能な歯車になることを期待されたのです。その背景にあったのは、ソフトウェア開発に関する「文書駆動」のアプローチでした。実はこのモデルには致命的な欠陥があることが判明したとき、その隙をついて「人間中心」の方法論が台頭し、アジャイル、リーン、DevOps といったソフトウェア組織全体に波及する変革の波が生み出されたのでした。

　皮肉なことに、こうした変革が一般的に行われるようになるほど、「人間中心」の本質が失われて、お役所仕事的にプロセスやプラクティスを重視するようになり、そ

のせいで儀式の形骸化という罠に陥ってしまった組織をよく目にするようになりました。抜け出すためには、組織は対話という人間特有の力を活用し、慎重を要するけれど建設的な対話を学ぶことで認知バイアスを克服する必要があります。

2章では、私たちの方法論の核となるテクニック、「4R」と「対話診断」について紹介します。4Rを実践することで、対話について段階的に学べるようになります。さらに、対話診断は本書で用いる対話の記録用フォーマットであると同時に、対話から学ぶための方法論でもあります。少なくとも、これらのテクニックについて書かれたセクションと「対話を診断する」のセクションを読んでから、先に進むことをおすすめします。

2章ではまず、誰もがすでにやるべきことをわかっているという話をします。著名な社会科学者であるクリス・アーガリスが言うには、誰でも「建前」上は、最も良い決定を行うためには関係者全員が自己開示と他者理解を目指して協力する必要があるとわかっています。しかし、あなたが実際に対話の中でどのように行動しているかという「実践時の考え方」はまったく別なのです。続けて、先ほど触れた「4R」を紹介します。このテクニックを用いることで、誰でも、どんなチームでも、対話の中で慎重を要する話題にアプローチするスキルを向上させられます。そうすれば対話から学べるようになり、第Ⅱ部を読み進める準備が整います。

第Ⅱ部の3章から7章では、私たちの経験と学び、そして失敗を「5つの対話」の「取扱説明書」にまとめました。5つの対話がそれぞれ扱っているのは、ソフトウェアチームに限らず、人が関わるならどんな高パフォーマンスのチームにも共通する5つの重要な特徴です。

5つの対話についてご紹介しましょう。

1. **信頼を築く対話**：私たちは、チームの内外を問わず、一緒に働く人たちが価値観を共有して同じゴールを目指していると信じます。
2. **不安を乗り越える対話**：チームやその環境における問題を率直に話し合い、障害に果敢に立ち向かいます。
3. **WHYを作り上げる対話**：私たちは行動の根拠となっている共通の理念をはっきりと共有します。
4. **コミットメントを行う対話**：私たちは、いつ、何をするのかをごまかさず常日頃から伝えます。

5. **説明責任を果たす対話**：私たちは、自分の意思を関係者全員に伝え、コミットメントに照らしてどのような結果が得られたかを公表します[†1]。

　この5つの対話は、チームが現代的な人間中心の手法を最大限に活用するために必要な要素をすべて扱っています。この5つの対話によってトップクラスの納品スピードを実現し、果敢に変化に対応し、問題を解決するソフトウェアを提供することを顧客と約束できるようになります。今日我々がよく目にするチームに欠けているのはまさにこの特徴です。スタンドアップが進捗状況を共有する場ではなく隠す場になって、見積りが陳腐な儀式となり、チームの理念がチケットの海で見失われ、誰も彼もがフラストレーションを感じているようなチームに見覚えがあるのではないでしょうか。

　信頼を築く対話に始まり、不安、WHY、コミットメント、説明責任を扱う対話まで、これら5つの重要な要素をチームの中でどう改善していけばいいか、詳細に順を追って紹介していきます。この手法はあなたが入ったばかりの開発者であろうと経営者であろうと、立場に関係なく使えます。さらに、これらを改善することで、アジャイルやリーン、およびDevOpsの実践による成果がどのように向上するのかを説明します。また、これらの方法が実際にどのように機能するのか、各トピックに関する対話の実践例を交えて説明します。

　3章から7章はいずれも似たような節に分かれています。

- **導入**：その章で取り上げた対話がなぜ重要なのかを説明する。
- **ストーリー**：その章の対話の問題を経験する主人公を紹介する。
- **準備**：その章の対話で紹介された方法を教える。
- **説明**（対話）：その章の対話を実際に行う方法を示す。
- **ストーリーの続き**：主人公が問題のある対話から学び、より良い結果を出す。
- **対話の例**：その章の対話のバリエーションを説明する。
- **ケーススタディ**：その章の対話がどのように組織の改善に役立ったかについ

[†1]　5つの対話のうち4つは、パトリック・レンシオーニ[4]が提唱した「5つの機能不全」から着想を得ています。5つ目のWHYを作り上げる対話は、サイモン・シネックの『WHYから始めよ！：インスパイア型リーダーはここが違う』（日本経済新聞出版、2012年）[5]からインスピレーションを得ました。それぞれの対話には、私たち自身の経験やアプローチを加えています。インスピレーションを与えてくれた両著者に深く感謝します。

て、長めのストーリーを語る。

しかし、本書を最後まで読むことは、ほんの始まりに過ぎません。重要な対話をどのように行うかを学んだ後は、今度はあなたが学びを実践することが大切です。そうすれば、その努力は何倍にも報われると私たちは確信しています。対話を変えることで組織文化を変えられるのです。

本書の読み方

Perl の開発者なら、「TIMTOWTDI」という言葉を知っているでしょう。これは「やり方は一つではない」の頭文字です。私たちも同じように考えています。本書を読んでいただければわかるように、「5つの対話」に何らかの形で取り組む限り、使うプラクティスに縛りはありません。イテレーションの期間はどのくらいにすべきか、スタンドアップは必要かどうか、プランニングポーカーのカードは何色がいいかといった各論的問いは、答えそのものよりもどう答えを出したかの方がはるかに重要です。同様に、この本も、あなたの学習スタイルやニーズ、気分に応じて、様々なやり方で使えるように書いています。

ここで本書の読み方をいくつか提案しますが、「TIMTOWTDI」ですから、お好きなように！

頭から順番に

新しい概念を一つ一つ理解していきたいのであれば、このやり方がおすすめです。1 ページ目から始めて、最後のページに辿り着くまで読んでください。本書では、新しい概念やテクニックを使用する前に、その定義と説明を行うようにしていて、見たことのない言葉が突然登場するのをできるだけ避けています。したがって、「3 章 信頼を築く対話」で「人のためのテスト駆動開発」をマスターすれば、「5 章 WHY を作り上げる対話」で出てきても困らないでしょう。各章の論理展開もお好みの流れになっていると思います。すなわち、まずその章の対話をする理由、使用するテクニック、そして実際の対話、最後に実践例という流れです。各章の最後にある対話例と実際に自分が行っている対話を「4R」を使って学習することで、効果を高められます。可能であれば、

友人を巻き込んで、ステップバイステップで学んでください。

テクニック重視

「物語はいいから、使える方法を教えてほしい」そう考えるなら、各章の「準備」の節から読み始めてください。各章の準備編では、対話、ひいてはチームのパフォーマンスを向上させるために、すぐに実践できるテクニックを解説しています。そして、テクニックをまとめたメインの対話の解説を読み進め、実際に対話をしている様子を描いた対話例まで来れば、フレーズやアプローチを学べます。この読み方をするなら、学ぶメソッドは1週間に1つに留め、毎週、日常の対話の中でメソッドを意図的に実践することをおすすめします。一日の終わりに、メソッドを適用できた回数を数え、対話を1つ取り上げて4Rを使って診断します。一見のんびりしているようですが、この反復練習を続けることによって、すぐにスキルを身につけられるでしょう。

仲間と

「結論」で述べるように、本書のスキルを学ぶことに興味を持つ仲間がいれば、学習がとても捗ります。本書で取り上げる認知バイアスに囚われていると、対話が難しくなるばかりでなく自分自身の間違いにも気づきにくくなります。でも、他の人ならあなたの間違いに気づいてくれます！幸運にも一緒に学ぶ仲間ができたら、読書会を開いて先述のテクニック重視アプローチをとることをおすすめします。読むのは週に1章までとして、その章の手法を何回適用できたかを数えておいて共有し、グループセッションで対話を1つ議論して診断するのです。他の人とロールプレイをしたり、ロールを交換したりすれば、自分のパフォーマンスに自信を持つことができるでしょう。他の人にフィードバックを与える練習をすれば、自分の対話に改善の余地があることを発見できます。

どのような読み方をするにしても、理解するだけでは不十分だということは忘れないでください。スキルを身につけるためには練習が欠かせません。楽な道はないのです。

オライリー学習プラットフォーム

オライリーはフォーチュン 100 のうち 60 社以上から信頼されています。オライリー学習プラットフォームには、6 万冊以上の書籍と 3 万時間以上の動画が用意されています。さらに、業界エキスパートによるライブイベント、インタラクティブなシナリオとサンドボックスを使った実践的な学習、公式認定試験対策資料など、多様なコンテンツを提供しています。

https://www.oreilly.co.jp/online-learning/

また以下のページでは、オライリー学習プラットフォームに関するよくある質問とその回答を紹介しています。

https://www.oreilly.co.jp/online-learning/learning-platform-faq.html

お問い合わせ

本書に関する意見、質問等は、オライリー・ジャパンまでお寄せください。

株式会社オライリー・ジャパン
電子メール japan@oreilly.co.jp

本書の Web ページには、正誤表やコード例などの追加情報が掲載されています。

https://itrevolution.com/product/agile-conversations/（原書）
https://www.oreilly.co.jp/books/9784814400645（和書）

オライリーに関するその他の情報については、次のオライリーの Web サイトを参照してください。

https://www.oreilly.co.jp
https://www.oreilly.com（英語）

目次

第Ⅰ部

1章
ソフトウェア工場からの脱却

『The Digital Helix: Transforming Your Organization's DNA to Thrive in the Digital Age』の著者であるマイケル・ゲイルによると、DX の 84% は失敗しています [6]。ゲイルは残りの 16 ％が成功した理由を調査し、成功の秘訣にたどり着きました。それは「交流の仕方、協力の仕方、働き方に関する考え方に関する根本的な転換」であり、「時間を割いて、行動、組織文化、意思決定を変えなければ、すべて台無しになってしまう」のです [7]。

この根本的な転換を図るには、最も人間的な能力となる「対話」に目を向けることです。人間には、他に類を見ないほどパワフルで柔軟な言語があります。それを最大限に活用するためには対話のスキルを身につける必要があります。また、協業と交流を妨げるような生来のバイアスも克服しなければなりません。対話を変えれば、組織文化も変わるのです。

自分たちがどう変わるべきかを理解するために、自分たちが育った文化を理解しましょう。本章で述べるように、私たちはまだソフトウェア工場という大量生産のパラダイムからまだ脱却しきれていません。文書だけに頼るモデルは対話をせずにコミュニケーションを図る試みを象徴しています。ソフトウェア工場モデルが失敗したことにより、アジャイルやリーン、そして DevOps のような人間中心の新しいモデルが作り出されました。しかし、これらの新しいモデルを採用しようとする試みは善意であっても、プロセスや方法論に焦点を当てると失敗します。ソフトウェア工場と同じ過ちを小規模で繰り返し、ジョン・カトラーが言うところの「フィーチャー工場」を作り出してしまうのです [8]。

1.1 ソフトウェア工場での労働

　私たちは2人は1990年代に中規模のソフトウェア会社[†1]でキャリアをスタートさせました。当時は大きなデスクトップPCでC言語と取っ組み合っていて、横を見れば、何十人何百人の同僚も同じ仕事をしていたのでした。自分たちでは測れない大きなシステムに組み込まれた小さな歯車だったと言えます。それもそのはず、私たちが所属していたシステムが体現していたのは、テイラー主義として知られる20世紀の哲学だったのです。

　機械工であり機械技術者でもあるフレデリック・ウィンスロー・テイラーは、無駄と非効率の撲滅を掲げる十字軍の先頭に立ち、経営コンサルタントの先駆けとなりました。テイラーは労働者によって仕事の進め方に大きな差があることが無駄の根源であると考えました。たった一つの正しいやり方を皆が教わり、労働者が例外なくその道に従った方がはるかに良いと考え、それ以外のやり方は効率が悪くなると論じました。では、その唯一の正しい道を決めるのは誰なのでしょう？ それはプロの管理職やコンサルタントであり、テイラー自身もその1人だと言うのでした。

　テイラーが最も声高に提唱した哲学「科学的管理法」によると管理職の仕事は、最善の仕事の仕方を立案して深く理解し、標準化を徹底することです。テイラーが1911年に出版し大きな反響を呼んだ『新訳 科学的管理法』（ダイヤモンド社、2009年）では、組み立て方式による大量生産に対して理論的な裏付けを与えました。低スキルの労働者は管理職の監視の元、同じ単純作業を繰り返すべきだとしたのです[9]。

　テイラーの世界観は、独特で非人間的な職場風土を作り出しました。工場は一つの巨大な機械として構想されたのです。管理職は、すべての部品がどのように動くかを設計し、正しく動作するかどうかをチェックする機械工でした。労働者は単なる交換可能な歯車にすぎず、許容された範囲内で仕事をするか、そうでなければ欠陥があるとして廃棄されました。コミュニケーションはトップダウン方式で、命令と訂正のみでした。対話も協業も求められませんでした。思考に関しても、指示された仕事をこなす以上にはまったく必要とされなかったのです。

[†1] ジェフリーはボーランドで、スクイレルはテンフォールドで働いていました。どちらの会社もだいぶ前にもっと大きな会社に吸収されています。

1.1.1　オフィスに持ち込まれたテイラー主義

　90年代に私たちが入社したソフトウェア業界では、テイラー主義が工場からオフィス環境に移植されていました。コンサルタントやセールスマンは、管理職の仕事が効率化できて楽になるというふれこみで、新しいツール、新しいプロセス、新しい方法論を売り込みました。「ソフトウェア開発でお困りですか？　バグや納期の遅延に悩まされていませんか？　安心してください！　私たちはベストプラクティスをマニュアル化しているので、すぐに御社でも使えますよ」　経営陣は出来合いの管理体系を購入すれば、開発者にそれに従うよう指示できました。そして、あらかじめ定められたチェックポイントを通過したり、工程が完了したりする度に、納期と予算が守られると確信できたのです。少なくとも、そういう話でした。

　機械式の組立ラインのないソフトウェア産業では組立ラインは紙でした。管理職は唯一の正しい仕事のやり方を説明する論理モデルを採用するなり編み出すなりしてドキュメントに起こし、その中で作業を逐一指示したりフローチャートを示したりしました。この文書駆動の開発は最終的なプログラムの各パーツがどのように機能し、それを実現するために各作業者が何をするのかを規定することで、エラーが起きなくなるように設計されていました。マーケティング要求文書、製品仕様書、アーキテクチャ文書、実装仕様書、テスト計画書などが書かれましたが、人間の活動は一切考慮されませんでした。分厚いマニュアルにはあらゆるデータ構造の属性、使用可能な言語構成、コメントの形式まで、丹念に規定されていました。データベースのカラム、バリデーション、画面の1ピクセルに至るまで丁寧に描かれたソフトウェアの設計書がデザイナーの机の上に置かれたのです。

　ただ、それには**一理ありました**。ソフトウェアをクライアントに出荷した後に不具合を修正するのが大変だということは誰もが知っています。実際、バグを発見するのが早ければ早いほど、修正にかかる費用は安くなります。コードを修正するよりも設計書のフローチャートを修正する方が労力は少なく、フローチャートを変更するよりも仕様書を更新する方がさらに労力は少ないのです。そのため、あらかじめ時間をかけて物事を正しく整え、機械的に実装することで時間とコストを節約できるのです。それはとても賢明で、とても合理的な考え方でした。

　ただ残念なことに、そううまくはいかないのでした。

1.1.2 ソフトウェアの危機

　このシステムがどれほどうまく機能していないかは、スタンディッシュ・グループが 1994 年に発表した悪名高い「CHAOS Report」を読んでください。そこには、ソフトウェアプロジェクトにおける衝撃的なレベルの失敗について記録されています。著者らは、橋や飛行機、原子力発電所の故障とは異なり、「コンピュータ業界では、故障は隠蔽されたり、無視されたり、あるいは屁理屈で説明されたりする」と指摘しました。そこで彼らは「プロジェクトの失敗の範囲」、「ソフトウェアプロジェクトを失敗させる主な要因」、「プロジェクトの失敗を減らすことができる重要な要素」を明らかにすることにしました。その結果、アメリカではソフトウェアプロジェクトの 31 ％が打ち切られ、アメリカのソフトウェア企業が被った損失は 810 億ドルにのぼると結論づけました [10]。この報告書により、テイラー主義的な手法の失敗とそれが生み出したソフトウェアの危機が露呈されたのです。

　危機が広く認識されるようになり、解決策を探す人が後を絶たなくなりました。その一学派がカーネギーメロン大学ソフトウェア工学研究所の「能力成熟度モデル（CMM）」です。アメリカ国防総省がソフトウェアの請負業者を評価するために作った CMM では、文書化してプロセスを守ることが重要だと強調されました。このアプローチの信奉者は予測可能性を追求するために、より細かく監視し、チェック項目を増やし、そして書く仕様書も増やしました。「ソフトウェア開発プロセスを統計的管理下に置けば、コスト、スケジュール、品質面において結果を予測の範囲内に収められる」と彼らは主張したのです [11]。

　一方、ソフトウェアの現場では CMM とは違った視点でインスピレーションや新たなアイデアを見出す動きがありました。たしかに抽象化された機械的なアプローチは一見合理的に見えるかもしれませんが、それによってソフトウェアプロジェクトの成否が決まらないことをプロジェクトの最前線の苦い経験から身をもって知っていた人たちがいたのです。そのため、原理原則から取り組むのではなく、実際に何がうまくいくかを観察しました。その経験を噛み砕く中で、膨大な量の文書を積み上げても答えにたどり着けないことがわかりました。ツールを買ってきても、プロセスを機械的に適用しても問題は解決しません。大切なのは「**人**」だったのです！

　現場のソフトウェアプラクティスを鋭く観察して雄弁に語ってきたアリスター・コーバーン博士は、その洞察を論文「Characterizing People as Non-Linear,

First-Order Components in Software Development （ソフトウェア開発における非線形で第一次的な構成要素としての人間）」[†2]で発表しました。内容はタイトルの通りです。CMM とは全く対照的に、コーバーンは「今ではプロセスは副次的な問題だと考えている」と述べています [12]。コーバーンはプロジェクトの成否を握るのは主に人であることに気づき、改善の努力は人のユニークな特性を利用することに向けるべきだと提案しました [13]。

1. 人はコミュニケーションする存在であり、対面でリアルタイムの質疑が一番得意である。
2. 人は長い期間にわたって一貫して行動することが苦手である。
3. 人の行動はとても変わりやすく、日によっても場所によっても違う。
4. 人は一般的に善意で行動する。そのため、プロジェクトを成功させるために「必要なことは何でもする」ことができる。[14]

このような人間観は、テイラー主義的な人間を機械的で交換可能な歯車とみなす考え方に真っ向から対立します。歯車になることを求めるのは人間の本質を無視しており、失敗する運命にあるのです。経験を振り返れば、プロジェクトにおいて人々がどのように関わり、どのようにコミュニケーションをとるかという組織文化が重要だとわかります。現場の人たちは、プロセスではなく人を中心としてアプローチやプロジェクトを設計すべきであると考えるようになりました。成功の可能性を高めたいのであれば、正しく対話をして正しい組織文化を構築する必要があったのです。

1.1.3　機械からの脱却（と思われたが）

人間こそがソフトウェア開発手法の中心的な関心事であるという考え方がつけた火は、今世紀初頭になって広範囲な変革として燃え広がり、ソフトウェア構築手法の見直しにつながりました。リーン生産方式は、それまで支配的だったテイラー主義的な大量生産のパラダイムを破壊して変革し、工場の文化を変えることで生産性と品質の飛躍的な向上を達成しました。労働者を交換可能な歯車とみなすのではなく、リーン生産方式は、自ら問題を予測し解決策を考案する「極めて熟練した意欲的な職人」を

---

†2　訳注：非線形（Non-Linear）とは、人間の行動や反応は単純な原因と結果の連鎖で説明できないということ、第一次的（First-Order）とは、システムやプロセスに対して直接的な影響を持つということをそれぞれ意味します。

頼るのです [15]。

アジャイルソフトウェア開発、リーンソフトウェア、そして DevOps はいずれもソフトウェア工場を破壊し、別の姿に変えました。これらのアプローチはそれぞれ工場的思想の別々の側面を問題視したのですが、いずれも非人間的で大量生産的なアプローチから脱却することを目論んでいました。分業を廃し、硬直したプロセスの代わりに協業を重視することで、組織文化を変えていったのです。

これから説明するように、どの運動も初期の推進者は、**自己開示**と**他者理解**という2つの基本的な価値観を暗黙のうちに支持していました。その結果、ソフトウェアチームがうまくいくために欠かせない5つの要素（強い信頼、不安の克服、WHY の構築、コミットメント、説明責任の完遂）のうち、全部とは言わずともいくつかを育てる方法を提唱することになったのでした。そして、これら2つの価値観と5つの要素が大切にしていたのは、人とのつながり、情報の流れ、障壁の排除、協業などであり、ソフトウェア工場にはないものでした。

最初にこの波に乗った人たちがあげた成果には目を見張るものがありました。先駆者たちは「市場投入までの時間やバグ率、チームの士気などが劇的に改善した」と口々に言ったのです。例えば、リーンスタートアップの提唱者は、「考えられないことをやってのけている。1日に50回（本番リリースを）やっているんだ」と自慢していました [16]。当然のように、我々著者を含む多くの人が流行に乗り、新しい手法を実施して同じ成果が得られるかどうか試したのでした。

そこで問題だったのは（それが本書を書いた動機でもあるのですが）、アジャイル開発、そしてリーンソフトウェアや DevOps が爆発的に普及する中で、後発組が人間関係の重要性を見落としてしまったことです。リーダーたちは、これまでと同じように行動すればいいと考えてしまいました。つまり、工場のマインドセットを維持したまま、誰か別の人に変革するよう指示すれば十分だと考えたのです。その結果、監視しやすい、より表面的なプロセスの変更に目が向けられました。朝会、仕掛かりの制限、ツールの選択などです。

人間的な要素や適切な対話がなければ、このような変革の効果はないに等しいのです。その結果何百もの組織で経営者が幻滅しチームが不満を抱えて、アジャイル開発（あるいはリーンソフトウェアや DevOps）は**うまくいかない**と断言するようになってしまいました。

要するに、後発組は人間中心の変革に参加することを機械的に捉えてしまい、人間

関係の重要性を見過ごし、あるいは無視しました。それでいて「なぜ誰も協力せず、何もかもうまくいかないのだろう」と考えていたのです。

　対照的に本書では、成功するために必要な基本的な人間同士の関係性に立ち戻ることを重視します。まず、それぞれの運動の歴史を振り返りましょう。その中でシンプルなテクニックをマスターし、他の人たちを血の通ったプロセス、すなわち対話に立ち戻らせる準備を整えていきます。

1.2　アジャイル：人間駆動の開発

　1990 年代の終わり頃、ソフトウェア工場に対する反発はソフトウェアへの様々なアプローチを生み出すカンブリア爆発を引き起こしました。「文書駆動の重量級ソフトウェア開発プロセス」[17] という支配的な価値観に抵抗して新しいアプローチや動向を示そうとするメンバーは異端的とも言える実践を提唱しました。例えば、ジャスト・イン・タイム方式で設計したり、動くソフトウェアを頻繁に納品したり、顧客をソフトウェア制作に巻き込んだりといったものです。最も極端だったのはプランニングの活動を根本的に減らし、仕事をする個人間での協力的な相互作用を優先させるという文化的な変化でした。ソフトウェア工場の支配的なプラクティスに慣れた人々にとって、新しい思想の先駆者たちは騒乱を起こそうとする狂った暴徒のように見えたことでしょう。しかし、このような新しい方法を試みる勇敢なチームでは士気の向上、迅速な納品、高い品質など驚くべき結果が得られたと言われています。

　その後、こうした「軽量ソフトウェア」運動において最も注目されていた 17 名の提唱者たちが 2001 年 2 月、ユタ州スノーバードのスキーリゾートに集まりました。ジム・ハイスミスによって記録されているように彼らはエクストリーム・プログラミング（XP）、SCRUM、DSDM、適応型ソフトウェア開発（ASD）、クリスタル、ユーザー機能駆動開発（FDD）、プラグマティック・プログラミングなどの創始者や提唱者を含む多様なグループでした [18]。さて、彼らは共通となる地盤を見出すことができたのでしょうか？

　ご存知の通り、共通の地盤は作り上げられました。それはマーティン・ファウラー曰く「軍隊を集める」「鬨の声」[19] となりました。このアジャイルソフトウェア開発宣言は 20 年近く経った今でも広く使用され続けています。

アジャイルソフトウェア開発宣言

私たちは、ソフトウェア開発の実践あるいは実践を手助けをする活動を通じて、よりよい開発方法を見つけだそうとしている。この活動を通して、私たちは以下の価値に至った。

- プロセスやツールよりも**個人と対話**を、
- 包括的なドキュメントよりも**動くソフトウェア**を、
- 契約交渉よりも**顧客との協調**を、
- 計画に従うことよりも**変化への対応**を

価値とする。すなわち、左記のことがらに価値があることを認めながらも、私たちは右記のことがらにより価値をおく [20]。

　彼らグループは、この宣言に沿ってしばしば見落とされがちな 12 個の原則を掲げました。これらの原則は、アジリティを高めたいと思った組織が最初に手をつける場所としては今でも有効です。

私たちは以下の原則に従う：

顧客満足を最優先し、価値のあるソフトウェアを早く継続的に提供します。

要求の変更はたとえ開発の後期であっても歓迎します。変化を味方につけることによって、お客様の競争力を引き上げます。

動くソフトウェアを、2〜3 週間から 2〜3 カ月というできるだけ短い時間間隔でリリースします。

ビジネス側の人と開発者は、プロジェクトを通して日々一緒に働かなければなりません。

意欲に満ちた人々を集めてプロジェクトを構成します。環境と支援を与え仕事が無事終わるまで彼らを信頼します。

情報を伝える最も効率的で効果的な方法はフェイス・トゥ・フェイスで話をすることです。

動くソフトウェアこそが進捗の最も重要な尺度です。

アジャイルプロセスは持続可能な開発を促進します。一定のペースを継続

的に維持できるようにしなければなりません。

技術的卓越性と優れた設計に対する不断の注意が機敏さを高めます。

シンプルさ（ムダなく作れる量を最大限にすること）が本質です。

最良のアーキテクチャ・要求・設計は、自己組織的なチームから生み出されます。

チームがもっと効率を高めることができるかを定期的に振り返り、それに基づいて自分たちのやり方を最適に調整します。[21]

マニフェストと同じように、これらの原則は新しい方法論となる人間中心主義を反映しています。原則をいくつか見ていくと、それらに共通するプラクティスによってアジャイルチームにおける自己開示と他者理解のためのフレームワークが提供されていることがわかります。

ビジネス側の人と開発者は、プロジェクトを通して日々一緒に働かなければなりません

一般的には、（実際に立って行うかは別として）スタンドアップと呼ばれる短いミーティングを毎日行います。このミーティングは、開発者たちが進捗と課題の両方を隠さずに共有し、必要に応じてサポートを求める機会になります。

最良のアーキテクチャ・要求・設計は、自己組織的なチームから生み出されます

アジャイルチームは、オープンに協力しあい、複数の代替案のトレードオフについて議論することが期待されています。その際、各メンバーは各々の専門的な判断を隠さず共有し、他のメンバーの判断について他者理解を目指します。これはプランニングポーカーなどのプラクティスに見られ、そこでは見積もりが公に共有され（自己開示）、その違いが対話のきっかけとなり（他者理解）、意見の違いに何が影響しているのかを明らかにしています。

チームがもっと効率を高めることができるかを定期的に振り返り、それに基づいて自分たちのやり方を最適に調整します

アジャイルの特徴的なプラクティスのひとつに、各メンバーが個人としてもチームとしても自分たちの実績について話し合う機会となる「ふりかえり」

があります。こうしたふりかえりの活動は幅広く、そのいくつかは書籍『ア
ジャイルレトロスペクティブズ：強いチームを育てる「ふりかえり」の手引き』
（オーム社、2007 年）に収められています。どのふりかえりにおいても、各メ
ンバーが自分の実績を隠さずに開示し、他のメンバーの実績に関心を向ける技
術と意識が求められます。

　おそらく、アジャイル開発によってもたらされた最も劇的な変化はチーム内のメン
バー同士の関わりに閉じたものではなく、アジャイル実践者が顧客とどう積極的に協
働するかにありました。**「顧客満足を最優先し、価値のあるソフトウェアを早く継続
的に提供します」**と**「要求の変更はたとえ開発の後期であっても歓迎します。変化を
味方につけることによって、お客様の競争力を引き上げます」**。最初の 2 つであるこ
れらの原則を合わせると、自己開示と他者理解をチームと顧客間の中核的なプロトコ
ルとして確立しています。ソフトウェアを頻繁に顧客へ提供することは、顧客に透明
性のある進捗状況を提供することでもあるのです。

　アジャイル開発とは何かひとつのこと、あるいは特定のプラクティスセットを指し
ているわけでは決してありません。テイラー主義のように唯一の最善策をあらゆる場
所に押し付けるものでもありません。アジャイル開発が提供するのは一連の価値観と
道標であり、それに従うことで現代の激動する環境に適応できるような柔軟性を持っ
た組織を構築できるのです[†3]。アジャイルアプローチを実践するためには協業と学
習をサポートする組織文化が欠かせません。この組織文化によってこそ、ソフトウェ
ア工場では互いに話す理由のなかった人々の間に対話が生まれるのです。アジャイル
の成功はアジャイルを生み出したソフトウェアチームの枠をはるかに超え、急進的な
思考の扉を開きました。

　いわば「フィーチャー工場」とでも言うべきものが 90 年代のソフトウェア工場と
同じ精神で運営されているにもかかわらず、「アジャイルを実践している」と主張さ
れているのを何度も何度も目にするのはなぜでしょうか？ 実際、目に見える成果物
やプロセスが変わっただけでマインドセットや対話は変わっていません。当然、組織
文化もです。山のようなドキュメントと 2 年間のプロジェクト計画がなくなった代わ

[†3]　実際、アリスター・コーバーンは同僚たちと、方法論にとらわれないアプローチを採用する企業へのコーチ
　　　ングを始めています。それにあたって、「アジャイルの心」と呼ばれる、まさにこのようなシンプルなガイド
　　　ドラインを提供しています。

りに、チームに対しては上流の顧客ニーズや下流の業務影響とは全く関係なく実装すべき機能が次々と渡されます。ソフトウェアの組み立てラインに取って代わったのは過酷な労働環境で、各労働者に一つずつ作業が割り当てられるのです。見た目は確かに違います。要件はモノリシックなドキュメントではなく、ストーリーや受け入れ基準の形で提供されます。ガントチャートの代わりにバーンダウンが使われるかもしれません。でも結果は一緒です。ビジネスと切り離された開発、協業の障壁、果てしない作業分担、ひどく遅い進捗、そしてたいてい、こうして散々苦労して完成したソフトウェアは欲しかったものとは違うのです。

1.3 リーンソフトウェア： チームを強化する

1.3.1 トヨタの事例

2003 年、スノーバード会議がアジャイル・マニフェストを通じてアジャイルソフトウェア開発を生み出したわずか数年後、経験豊かなプログラマーとソフトウェアチームリーダーの 2 人（偶然にも夫婦でした）が、リーン生産方式で生まれたアイデアをアジャイル界に持ち込みました。それが『リーンソフトウエア開発：アジャイル開発を実践する 22 の方法』（日経 BP、2004 年）です。メアリー・ポッペンディークとトム・ポッペンディークはトヨタ生産方式のジャスト・イン・タイム方式（無駄を省く製造方法）を掘り下げ、それをソフトウェアの世界向けに転用しました。

ポッペンディーク夫妻は、リーンソフトウェアのエッセンスを、次の挑戦的な理念に集約しました [22]。

1. ムダを排除する
2. 学習効果を高める
3. 決定をできるだけ遅らせる
4. できるだけ速く提供する
5. チームに権限を与える
6. 統一性を作りこむ
7. 全体を見る

ポッペンディーク夫妻は、あらゆる場所での最適化、頻繁な伝達による迅速な学

習、システムの調整や検討といったテーマを強調しました。これらのテーマはどれも
ソフトウェア工場の骨組みとは相容れないものです。そして、多くはアジャイルの原
則に依拠しています。アジャイルの原則は、2003年にポッペンディーク夫妻が最初
に本を書いた時点では、すでに世の中を変えつつあったのです。

リーン思考や行動原理が広がるとすぐに、ソフトウェア開発チームでは次のような
行動が起こります。

- 製造業にならって**バリューストリームマップを描こう**。そして「ムダ」が発生
  する箇所を特定する。
- **プロセスのボトルネックを探して排除しよう**。初期の機能検討から顧客へのデ
  リバリー、システム導入までの全ての行程が対象だ。
- **仕掛中の数を制限しよう**。例えばQAチームでは、手に負えないほどの膨大
  な作業を積み残すのではなく、テストする新しい機能を10個に限定する。
- **プルすることを重視しよう**。あるプロセスから次のステップに移る際には、
  タスクをプッシュするのではない。例えば、プログラマはその仕事内容をレ
  ビューできる人がいない場合は手を止め、未レビューのリリースできないコー
  ドのストックを積み上げ続けることはしない。

より多くの企業がリーンソフトウェアの原則を採用するにつれ、より多くのリーン
生産のアイデアが役に立つことが明らかになっていきました。具体的には、ボトル
ネックを管理するための「制約理論（TOC）」や「カンバン方式」が挙げられます。
カンバン方式とは「スプリント」という軽量なタイムボックスさえも廃止し、定型的
なフローではなく作業のプルを重視するものです。リーンソフトウェアは常に「全体
を見る」ことを推し進め、エリック・リースの『リーン・スタートアップ』（日経BP、
2012年）に見られるスタートアップから、『リーンエンタープライズ』（オライリー・
ジャパン、2016年）に見られる多国籍企業に至るまで、あらゆる規模の組織におけ
る業務を網羅するようになりました。

1.3.2 エンパワーメントこそが鍵

アジャイル・マニフェストとは異なり、ポッペンディーク夫妻の原則やリーン式の
プラクティスを一読しただけでは、「人間は面倒で厄介な存在であり、コミュニケー

ションが難しいことについて大いに心配するべきだ」とはっきり読み取れるわけではありません。原則を見ても、2番目（学習効果を高める）と5番目（チームに権限を与える）以外はすべて、プロセスと効率に関するものです。このことから、必要なのはバリューストリームマップの技術的分析と冷酷に計算されたムダの排除だけだと結論づけてしまうのも無理はありません。リーンメソッドを採用した多くの企業はまさにこう考えてしまい、その代償を払ったのでした。

しかし、ポッペンディーク夫妻は『リーンソフトウエア開発』の中でこう述べています。「人間性尊重の基本は、有能な労働者が職場の運営・改善に積極的に参加し、その能力を十分に発揮できる環境を提供することである[23]」こう聞くとなおさら、コーバーンの言う「非線形で第一次的な構成要素」、つまり「人」のことが思い起こされるでしょう！さらに深く見ていくと、自己開示と他者理解という基本的な人間志向の価値観とのつながりが見えてきます。

- 無駄をなくし、一貫性を持った全体最適の視点で取り組むために、私たちは非効率を生み出してきた過ちや、システムが全体としてどのように機能しているのか（機能していないのか！）について、自己開示を行う必要がある。
- 学習を増幅させ、迅速に成果を出すためには、目標達成に向けてどのような選択肢があるのかに関心を持ち、複数の選択肢を同時に試す必要があるだろう（迅速な学習のための古典的なリーン戦略）。
- そしてチームに力を与えるためには、私たちが何を達成しようとしているのか、どこに貢献できるのかについて自己開示を行い、顧客と私たちのビジネスのあらゆる側面についてチームの他者理解を目指す心を刺激する必要がある。

実際、リーンソフトウェアがうまくいっているチームでは、率直なコミュニケーションを活発に絶え間なく行っています。例えば、顧客からフィードバックを直接受けたり、情報発信の仕組み（ビルドステータスインジケーターや大きくて見やすいビジネス関連チャートなど）やトヨタ式のアンドン（赤・緑・黄のインジケーターで、チームメンバーが行き詰まったり、またはブロックされたりしていることを共有する）を使ったりします。これらの自己開示と他者理解に基づいたツールとプラクティスは継続的改善に関する建設的な対話を促すために使用されます。

問題は、アジャイル開発と同じように根底にある精神を無視してプラクティスだけ

を採用する組織があまりにも多いということでした。私たちが目にした組織の中にも、リーンシックスシグマグリーンベルト†4の認定証を飾っているのに協業と継続的改善を行う組織文化が欠如しているところはありました。経験上、こうなってしまうのは組織変革は買ってくればいいと考えてしまう経営陣のせいです。そのくせ、バリューストリームマップやプル・システムが見向きもされずに放置されていることを不思議がっているのです。

1.4　DevOps：運用担当も人間である
1.4.1　立ち上がるシスアド

　2009年になる頃には、人間主義的ソフトウェア運動が拡大する機は熟していました。ベルギーでコンサルタント兼プロジェクトマネージャーとして苛立ちを募らせていたパトリック・デボワほど、そのことを理解していた者はいませんでした。彼が目にするプロジェクトはどれも、開発者と運用担当者の責任の間にある深い溝のせいでひどく進捗が妨げられていて、誰もが苛立っていたのです。多くの開発チームがソフトウェア工場の負の遺産を解消しようとしていたものの、自分たちのコードをデプロイし運用するオペレーターとのやりとりでは従来と変わらぬ慣習を続けていました。つまり、最低限のコミュニケーション、信頼の欠如、そして慎重を要する対話を避けるという慣習です。そして、開発チーム内でもそうであったように、そのような行動のせいで進捗が遅れ動くソフトウェアをうまく提供できなくなっていたのです。アジャイル開発が一歩進んで運用チームにまで広がるべきであることは明らかでした。「運用チームはアジャイルである必要があり、プロジェクトに統合される必要がある」のです[24]。

　パトリックは「アジャイル・システム・アドミニストレーション」と呼ぶものに興味を持っている仲間を探し始めましたが、最初のうちは見つかりませんでした。とあるカンファレンスではこの新しいトピックに関するセッションにたった2人しか来なかったほどです[25]。しかし、同じように考えていた人々は他にも存在していました。特にフリッカーの運用部門責任者であるジョン・オールスパウと開発部門責任者

---

†4　訳注：リーンシックスシグマとは、リーンとシックスシグマを組み合わせたビジネスプロセスの効率性と品質を向上させるための管理手法です。リーンシックスシグマにはトレーニングと認定の制度があり、グリーンベルトは改善活動の中核的な役割を果たす能力があることを認定するものです。

のポール・ハモンドです。開発者と運用担当の協業や信頼関係を熱く訴えたプレゼンテーション「10+ Deploys Per Day: Dev and Ops Cooperation at Flickr（1 日に10 回以上のデプロイを：フリッカーでの開発と運用の連携）」は、アジャイル界に急速に広まりました[26]。パトリックはこのライブストリームを興奮しながら視聴し、その後すぐにヘントで最初の「DevOpsDays」カンファレンスを立ち上げました。強力な価値観と技術ツールを携えた DevOps ムーブメントが誕生しました。

1.4.2 尊重し、信頼し、そして非難しない

DevOps には絶対的な権威もスノーバードのようなイベントも存在しなかったため、明確な原則のリストは存在しません。しかし、代表的とされているフリッカーのプレゼンテーションは、私たちが知っている中で DevOps の目標に関する最も明確な声明の 1 つです。そして、DevOps を重視していると主張するチームが実際にどのように振る舞っているかを評価するバロメーターとして役立っています。そのプレゼンテーションの後半にある原則を以下に示します（リストにうまく収まるように手を加えています）。

DevOps の原則
1. 尊重する
   a. ステレオタイプをやめる
   b. 他者の専門知識、意見、責任を尊重する
   c. 「No」とだけ言わない
   d. 物事を隠さない
2. 信頼する
   a. 全員がビジネスのために最善を尽くしていると信頼する
   b. 手順書とエスカレーションプランを共有する
   c. 調整するためのツールや手段を提供する
3. 失敗に対する健全な態度
   a. 失敗は必ず起こる
   b. 失敗に対応する能力を養う
   c. 防火訓練を行う
4. 責任転嫁をしない

a. 他人を責めない

b. 開発者：コードが壊れていると眠っている人を叩き起こす事態になる
ことを忘れない

c. 運用担当：問題点について建設的なアドバイスをする [27]

オールスパウとハモンドが、信頼、尊重、そして協業という重要な要素についてどれほど明確に語っているかに注目してください。これは明らかに人のための運動であり、機械のためのものではありません。

ただし、DevOps にはキーとなる技術的プラクティスやチーム運営のプラクティスが存在しないと言っているわけではありません。以下にその例を挙げます。

クロスファンクショナルチーム

開発者と運用担当は、完成したコードを手渡すだけの別部門ではなく、ひとつのチームとして一緒に働く。

ペットではなく家畜

DevOps を重視するチームにとって、サーバーは個々のアイデンティティやカスタム設定を持つユニークな存在ではなく、瞬時に交換可能な区別のない同一のマシンである。

コードとしてのインフラ

手作業でサーバーを設定せず、システム管理者は（Puppet、Chef、Kubernetes などのツールが提供する専用言語で）プログラムを書きセットアップし、テストする。

デプロイの自動化

サーバーが稼動したら、デプロイメントをワンクリックで行えるようにするために、運用担当と開発者は協力して追加のコードを書く。このデプロイメントは継続的インテグレーションツールによって起動することができるので、開発者の成果物とのつながりは一層強固になる。

メトリクスの共有

DevOps のマインドセットで運営されているチームは、開発者も運用担当も同

様に、システムの稼働時間、エラー率、ユーザーログイン、その他運用の健全
性を示す多くの指標を調べ、指摘された問題には一緒に対処する。

1.4.3 「地獄のろくでなしオペレーター」はもうたくさん

1980年代、サイモン・トラヴァグリアはオンラインメディア「The Register」の
ために究極のシスアド風刺画を考案しました[28]。地獄のろくでなしオペレーター†5
は、開発者とユーザーを等しく軽蔑し、彼らを不幸のどん底に陥れることを理念とし
ています。漫画表現のために誇張はされているものの、従来の組織における開発者と
運用担当の間の深い猜疑心と不信感がうまく表現されていました。このような組織で
はチームはどうしようもなく分断されています。

したがって、上記のDevOpsの原則と実践が何よりも協業を重視するようはっき
りと謳っているのは驚くべきことではありません。手順書を共有し、メトリクスを公
開し、失敗について隠さず議論する（自己開示）。そして、他者を指差しすることを
避け、自分の行動がどのような影響を及ぼすのかを探求することで、相手の「立場」
を尊重する（他者理解）。開発者と運用担当が対立して議論するのではなく、共通の
関心に焦点を合わせて対話することで、DevOpsは組み立てライン的なメンタリティ
を排し、人間中心の価値を基盤とすることができます。少なくとも、元々の構想はそ
うでした。

不思議なことに、最近では一部の企業で、開発や運用とは別の「DevOps」チーム
という特別なチームを立ち上げるという傾向があります。しかし、DevOpsの真の意
義は異なる専門分野間の団結と協力を生むことにあり、分業を推し進めるものではあ
りません。それなのに「DevOpsエンジニア」という求人広告まで見かけるようにな
りました。彼らは通常の開発者や運用担当とは何かが違うとされているようです。一
体何が起こっているのでしょうか？ これは、流行語を追い求めるマネジメント手法
の結果に違いありません。「個人とそのやりとり」を大切にするのではなく、運営方
法を見直す努力を避けてソフトウェア工場を組み替えるだけで事足りると考えてし
まいます。そして驚くことに、多くの組織がその疑わしい構想を実行に移しているの
です。

---

†5　訳注：原文は "The Bastard Operator from Hell（BOFH）"。

1.5　回り回ってフィーチャー工場へ

アジャイル開発、リーンソフトウェア、DevOps の成功がソフトウェアの状況を一変させたことは否定できません。極端だと思われていた考え方が、今では普通だと考えられています。1 日で長編を、1 週間で大作を完成させることは、もはや大企業であっても驚くべきことではありません。IBM のプログラムディレクター、エリック・ミニックは以下のように語っています。

> 歴史を振り返ってみると、最も印象的なのはデリバリーが実際に良くなっていることだ。リリースサイクルを見てみよう。チームは年 1 回のリリースサイクルで満足していた。アジャイルが企業に浸透するにつれて、企業は四半期制の導入に誇りを持つようになった。いまだに四半期に一度のペースなら平均以下だ。今となっては月に一度の方が普通なのだ。ほとんどの大企業で、クラウドネイティブチームは毎日、あるいはそれ以上のペースでリリースしている。今日のケイデンスは、15〜20 年前と比べて桁違いに向上している。悪くない [29]。

プロジェクトのスケジュールも範囲も大きく変わったにもかかわらず、既視感を覚えることがあります。大規模な組織ではアジャイルやリーン、DevOps のプロセスが旧来の手法と違和感なく共存し、「ウォータースクラムフォール」のような奇妙なプラクティスに陥るケースが多くあります [30]。私たちはリーン、アジャイル、DevOps のプラクティスを掲げる多くの小さな組織やスタートアップに出会いましたが、デザイナーや開発者、運用担当者は、依然として「私たちは以前と変わらずマイクロマネジメントや自律性を破壊する『フィーチャー工場』で働いている」というのです。まるで巨大なソフトウェア工場が、名前の異なる小さな部品を使って再構築されたかのようです。実際それでも恩恵はありましたが、得られたものは「熱意、密接な協働チームワーク、顧客との優れたつながり、意識的なデザイン思考」ではありませんでした。それこそ、リチャード・シェリダンが『Joy, Inc.』（和書『ジョイ・インク：役職も部署もない全員主役のマネジメント』翔泳社、2016 年）という過激なタイトルの本を書くきっかけとなったものです [31]。一体、何が起きていたのでしょうか？
　その答えの一端は、ニールス・プラエギングの論文「Why We Can't Learn a

Damn Thing from Toyota, or Semco（なぜ我々はトヨタやセムコから学べないのか）」に書かれています。プラエギングは、パイオニア的な組織で機能する有名なプラクティスの多くがほとんど変化を生み出さない理由について考察しています。プラエギングの見識では、変革がうまくいかないのは「成功の秘訣」が欠けているせいです。成功の秘訣とは「人間の本質、すなわち周りの人間とその動機を正しく捉えること」です [32] †6。

　組織はアジャイル変革によって生み出されたプロセスやツールを導入しましたが、依然としてテイラー主義的な工場のマインドセットが残ったままでした。書くべき文書も読むべき仕様書も減り、承認手続きはほとんどなくなりました。しかし、これらの慣行は終わらないプランニングやプロジェクト管理ツールの何ページにもわたるチケットに取って代わられたにすぎません。このプロセスやツールはあいかわらず、管理職がテイラー主義的にプロジェクトの状況を把握しコントロールするために使われているのです。なぜなら、管理職の役割はなすべきことを確実に終わらせることだからです。

　現場の人についてはどうでしょうか？ ソフトウェア開発における非線形で第一次的な要素を覚えていますか？ 現場の人も第一次的ですし、非線形であることにも変わりありません。シンシア・カーツとディビッド・スノードンのカネビン・フレームワーク（コラム「カネビン・フレームワーク」を参照）に当てはめると議論しやすくなります [33]。フィーチャー工場は、人間を右下の「単純系」の象限に置きたがります。そして「プランニング、スタンドアップ、ふりかえりに全員が参加すれば、皆が協力するだろう」と考えるのです。協働に関してこのように猿真似のアプローチをしても、左上の「複雑系」の象限にいる人間には通用しません。効果的な組織のダイナミクスを意図的に育成するには、単に人を並べてチームと呼ぶだけでは不十分で、優れたスキルを持った人が労を惜しまず取り組まなければならないのです。

　組織内の個人やチームがそれ自体複雑なシステムであることを理解したら、次に私たちは何をすべきなのでしょうか？ カネビン・フレームワークによると、正解が保証されていない複雑なシナリオをナビゲートする適切な方法は、「調査−気づき−対応」です [34]。では、私たちはどうやって人に対して「調査−気づき−対応」するのでしょうか？ 答えは対話にあります。そしてそれこそが、工場からの脱出方法なの

†6　この成功の秘訣について詳しく知りたければ「7.2 準備：X 理論と Y 理論」を参照してください。

です。

カネビン・フレームワーク

カネビンとは情報や状況の理解を支援するフレームワークであり、その目的は共通理解を生み出し、意思決定を改善することにあります（**図1-1** 参照）

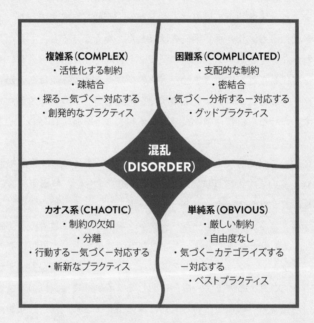

図1-1　カネビン・フレームワーク

カネビン・コミュニティは活発に活動していて適用例が豊富に存在します。フレームワークの最初の教訓は、どのドメインにいるかによって適切な行動は異なるということです。

● 状況が単純な場合（原因とその影響がはっきり理解されている場合）フローチャートのようなツールが有効です。なぜなら可能性は限られており、現在の状態によって次の適切なステップが決定されるからです。

- 状況が困難な場合（原因とその影響を理解しているが、詳細は専門家にしかわからない場合）高度な機械の予期せぬ動作に対するトラブルシューティングなどの厄介なニーズがある場合、自前で分析するか、専門家に依頼するなどして専門知識を深める必要があります。

- 状況が複雑な場合（原因や影響が事後的にしか理解できない場合）プロジェクト進行にあわせて変化するチームのダイナミクスなど、予測不可能な要素が含まれる場合、他のチームでの過去の経験だけでは、次にどのような行動を取るべきかの完全なガイドにはなり得ません。その代わりに、実験を行い、様々な視点から事象を捉え、存在するパターンを理解した上で適切な手段を選択する必要があります。

- そして、分散システムのダウンのようなカオス的な状況（原因と影響を結びつけられない場合）では、原因と結果の通常の関係が再び成立するように、まず行動を起こすのが適切です。

カネビンは理論体系として、ソフトウェアや人間と深く関連しています。私たちが構築するソフトウェアシステムは少なくとも困難であり、時には計画されていない複雑で予期せぬ行動を示すこともあります。ソフトウェアシステムを構築するチーム自体も複雑なシステムです。さらに、カネビンは人間が本質的に複雑で、単純なルールに縛られない存在であると認識しています。このフレームワークの言葉を使うと、交換可能な労働者が単純な仕事を行うという大量生産の手法がソフトウェアにおいてどのような悲惨な結果を招くかをわかりやすく説明できるようになります。

2章
対話を改善する

　フィーチャー工場からの脱却に向けた鍵となるのは人間関係です。そこで本章では、そうした人間関係を構築するうえで欠かせない5つの重要な対話についてあらかじめ解説します。それが「信頼を築く対話」、「不安を乗り越える対話」、「WHYを作り上げる対話」、「コミットメントを行う対話」、「説明責任を果たす対話」です。ただし、これら具体的な対話に深く踏み込む前に、対話の診断方法とそのスキルの習得方法を理解することが重要となります。なぜ対話が人類固有の超能力と言えるのか、そしてその力を効果的に活用するにはどうしたらよいのか、学習と実践を通して身につけましょう。

　この章では対話を改善するうえで大きな課題となる「行動と信念の不一致に気づかない」問題について説明します。この問題に対処して自己認識を高めるプロセスが「4R」です。最後に、このプロセスを実際に体験できるように対話例をいくつかご紹介します。

　4Rの基礎を身につけたら、第Ⅱ部に進んでそれぞれの対話の進め方を学びましょう。

2.1　対話：人間の秘密兵器
2.1.1　我々の持つ特別な力

　ユヴァル・ノア・ハラリは、著書『サピエンス全史』（河出書房新社、2016年）の中で、人類が地球上で支配的な種となった理由を探っています。ハラリはその答えを「動物の中でも人間は特別なコミュニケーションを行っている」という点に求めま

す [35]。

　多くの動物は「ライオンから逃げろ！」と、吠え声や鳴き声、動きで伝えられます。さらに、人間や動物のコミュニケーションは同じ種族の仲間に関する情報を共有する必要性、つまり「噂話」の必要性から発展してきたと考えられています。噂話をすることで、社会的動物である人間はお互いを理解して評判を築けるようになり、その結果としてより大きな集団を作ってより細やかに協力しあえるようになったというのです。実際、他者を理解すること、つまり「心の理論」を身につけることは非常に重要であり、哲学者のダニエル・デネットは、『心の進化を解明する：バクテリアからバッハへ』（青土社、2018 年）の中で、私たち自身の意識は他者の心を理解することの副産物として生じたと主張しています [36]。

　人間は噂話をする能力に関して他の動物を圧倒しているのですが、人間の言語が本当に独特なのは「存在しないものについて議論できること」だとハラリは言います [37]。この特別な能力を用いて、人間はフィクションを生み出して信じることができます。そして、フィクションのおかげで人間は会ったこともない人々と集団をまたいで協力できるのあり、そのスケールは途方もない規模になることもあります。例えば、あるコミュニティではワニの頭をした神への信仰のおかげでナイル川の治水工事が実現したとされています。このことについて、ハラリは別の著書『ホモ・デウス』（河出書房新社、2022 年）[38] で説明しています[†1]。さらに、『Lean と DevOps の科学［Accelerate］：テクノロジーの戦略的活用が組織変革を加速する』（インプレス、2018 年）で述べられているように、継続的改善をしていこうという信念を共有すれば、権力志向やルール志向の組織文化を乗り越えて学習できる環境やパフォーマンス志向の組織文化を作り出せるのです [39]。

2.1.2　なぜ言葉の力が失われるのか

　対話をすることで協業ができるようになりますが、対話をしさえすれば協業が実現するわけではありません。私たちの住む世界は、他者を受け入れ、平和に理解しあう

[†1]　訳注：紀元前 1878 年から紀元前 1814 年の古代エジプトでナイル川の治水工事が行われました。車輪や鉄さえない時代におけるこの大規模な工事の成功は卓越した組織力によるものであり、その源泉は神への信仰心であったとされています。古代エジプト人は生き神ファラオとワニの頭を持つ神セベクについて共通の信仰を持っていたため、その信仰に基づいて皆が協力してダムを建設したり運河を掘ったりしたということです。

ことが当たり前なわけではないのです。真摯で善意に満ちた人であっても意見が食い違うことがありますし、それに留まらず、相手を敵、すなわち「あちら側」と見なすこともあります。人間には優れた対話力がありますが、もう一方で人間には生来の欠点もあります。それがいわゆる認知バイアスです（著者がよく使うバイアスの一例を**表2-1**に示しています。その他多数についてはダニエル・カーネマン著の『ファスト&スロー：あなたの意思はどのように決まるか？』（早川書房、2012年）を参照してください）。これらのバイアスは、私たちの脳の機能に組み込まれていると考えられています。そして、これらの認知バイアスのせいで、言葉によって可能になるはずの協業が妨げられるのです。

表2-1　認知バイアスの一例

名前	歪んだ見方
自己中心的バイアス	うまくいったときに、自己を過大に評価する
偽のコンセンサス効果	個人的な見解が一般的であると思い込んでしまう
ギャンブラーの誤謬	ランダムな事象が過去の結果によって影響を受けると思い込む
コントロールの錯覚	外的な事象に対するコントロールを過大評価する
損失回避	より価値のあるものを得ることより、今持っているものを失わないことに価値を見出す
ナイーブな現実主義	現実に対する個人的な見解が正確であり、偏りがないと信じている
否定的バイアス	ポジティブな出来事よりも、不快な出来事を思い出しやすくなる
平常心バイアス	未曾有の災害に備えるのを嫌がる
結果バイアス	意思決定の評価を、プロセスの質ではなく、その結果によって行う

認知バイアスが働くと、アジャイルやリーン、DevOpsの手法を採用する際の妨げとなることがあります。共同作業や人間関係、チームの生産性に深刻なダメージを与えてしまう恐れがあるからです。

前節では、自己開示と他者理解が人間中心主義のプラクティスにとってどれほど大切であるかを説明しました。しかし、認知バイアスが働くと効果が半減してしまいます。一例として、「偽のコンセンサス効果」を見てみましょう。これは、個人的な見解が一般的であると思い込んでしまうというバイアスです。このバイアスのせいで、自分の思考の組み立てを共有したり相手の思考の組み立てについて尋ねたりすること

が少なくなります。すでに合意していると思い込んでいる人にとって、そんなことをする意味はないのです！ナイーブな現実主義とは自分が現実をありのままに見ているという考え方であり、チームのダイナミクスをさらに腐敗させます。つまり、意見が食い違うことを、相手の不勉強や不合理、怠惰、偏見などの証しと見なしてしまうのです！このような認知バイアスの影響により、アジャイルやリーン、DevOps のプラクティスは本来得られるはずだった恩恵を受けられないことがあります。

2.2　対話から学ぶ
2.2.1　調査ツールとしての対話

社会学者のクリス・アーガリスは、イェール大学とハーバード大学のビジネススクールで長く輝かしい学問的キャリアを積み、特に企業における組織行動を研究しました。アーガリスの研究対象には個人と組織の学習および「規範や価値観のレベルでの学習を促進する」[40] 効果的な方法が含まれていました。アーガリスが発見したのは、対話を診断し、さらに口に出さなかったことも把握すれば、自身が研究する人と組織の「行動理論」をすべて明らかにできるということでした。

アーガリスとドナルド・シェーンは「行動理論」という言葉を用いて、私たちの行動の裏側にあるロジック、いわば「マスタープログラム」について説明しています[41]。アーガリスとシェーンによれば、私たちは誰もが何かを達成したいと考えており、そのための手段を選択する際には行動理論を用いています。「学ぶ」ことを重視している人であれば、情報を生み出せるような行動をとります。例えば、置かれた状況について自分の知っていることをすべて共有し、他の人が知っていることを尋ねたりするでしょう。「自分の思い通りにしたい」という思いが根底にある人なら、自分に都合のいい情報のみを共有し、何と返されるかわからない質問はしないでしょう。

自分の行動理論について普段は意識しません。しかし先ほどの2つの例のように、自分の行動を診断することで自分が基づいている行動理論を理解できます。このときにアーガリスとシェーンが発見したのは、ある状況下で自分がすると言っていること（建前）と実際にすること（実践時の考え方）が乖離していることがしばしばあるということです[42]。

2.2.2　防御的な思考法と建設的な思考法：　何をするのか、そして何をすると言っているのか

　読み進める前に、次の質問について考えてみてください。「重要な選択を迫られたチームに対して、どのように決断することを勧めますか？」

　講演などでこの質問をすると、みなさん口を揃えてこう言います。「全員に持っている情報をすべて共有してもらい、考えや思考の組み立てを説明してもらって、最善の方向性について合意できるかどうかを確認する」と。

　あなたも同じように考えていたのであれば、大正解です！　あなたはアーガリスとその同僚が「モデルⅡ行動理論」[43]、あるいは「建設的な思考法」[44] と呼ぶものを信奉してきたことになります。あなたは自己開示を重視して自分の思考の組み立てや情報を共有します。また、他者理解も大切にしていて、みんなの考えを聞いて思考の組み立てや自分が持っていない情報を学ぼうとします。さらに、協業を重視し、進め方はみんなで決めようとします。人によって言い方こそ違うかもしれませんが、一般的に言われる学習効果を高めて意思決定をよりうまく行う方法はこういうことです。実際、大切なことがかかっていない安全な状況では、このように行動することが多いでしょう。しかしもしあなたが、アーガリスが調査した様々な年齢や文化に属する1万人以上の人々[45]（そして私たちが出会った人々！）と同じように振る舞うのだとすると、会社の戦略の導入や文化の変革の指導といった重要なテーマに対しては、**行動が言葉と一致しない**でしょう。

　アーガリスたちの発見によれば、ほとんどの人が建設的に考えを組み立て行動すると主張するものの、自分に危害が及んだり、恥ずかしい思いをしたりする可能性のある場合には話が変わってしまうのです。そのような場合に、実際の行動は建前とはまったく異なる実践時の考え方にほぼ一致するといいます。この考え方についてアーガリスは「モデルⅠ行動理論」あるいは「防御的な思考法」と呼んでいます[46]。

　この2つの行動理論の対比を**表2-2**に示します。防御的な思考法が用いられると、行動の目的が自分に危害が及んだり、嫌な思いをしたりする可能性を取り除くことになります。そのせいで、自分の思考の組み立てを共有せずに独断で行動する傾向に陥り、勝ち負けで考え、否定的な感情を表現することを避け、それでいて、合理的に行動していると見られようとするのです。

表2-2　モデルⅠとモデルⅡの行動理論の比較[†2]

	モデルⅠ	モデルⅡ
支配する価値観	・目標を明確にして達成せよ ・勝て、負けるな ・否定的な感情を抑えよ ・合理的であれ	・有効な情報 ・十分な情報に基づく自由な選択 ・内発的コミットメント
戦略	・独断で行動する ・作業を抱え込む ・自分を守る ・独断で他人を守る	・コントロールの共有 ・タスクの設計を一緒にやる ・理論の正しさを広く問う
役立つ時	・データをすぐ取れる ・状況がよくわかっている	・データが矛盾／見えない ・状況が複雑である

　こうした建前と実践時の考え方とのギャップこそが、チーム生産性のパラドクスの根本原因です。理論的には私たちはチームの多様性を大切にします。多様性が強みになることを理解しているからです。多様な経験や多様な知識だけでなく、多様な思考様式でさえチームを強くします。新しい要素が増えるごとにチームにより多くの情報や考え方がもたらされ、そのおかげで、より良い選択をするための選択肢が増えるからです。

　多様性に求めるべきは**建設的な対立**であり、その対立を通じて新しいアイデアやより良い選択肢を考え出すことです。しかし実際には、意見の違いは脅威であって恥ずべきものと考えられる傾向にあり、そのせいで防御的に反応してしまうのです。このような防御的な思考法のせいで、大切だと言っていたはずの多様性が押し殺され、やるといっていた建設的な意見交換が避けられてしまうのです！

　防御的な思考法とは、実際にはどのようなものなのでしょうか。本書の中で、具体例をあながら様々な形で解説していきますが、トルストイの『アンナ・カレーニナ』の言葉を借りれば、「建設的な対話はどれも似たものだが、防御的な対話はいずれも

---

†2　出典：Argyris, Putnam, McLain Smith[47]

それぞれに防御的である」となります[†3]。そうはいっても、共通する要素もあります。対話における防御的な思考法には、真の動機を隠したり、話し合いが難しい問題を避けたり、言われたことに共感するのではなく、反抗したりするという特徴があるのです。いずれも学習を阻害し、人間関係を悪化させてしまいます。

2.2.3　対話を変革する

　ではなぜ、誰もがより良い結果をもたらすと認める行動ではなく、逆効果の防御的な行動が選ばれてしまうのでしょうか？　その答えは「意識しているわけではないから」です。普段、建前と実践時の考え方との間にあるこのギャップは意識されません。時間をかけて習慣化されているせいで、防御的な行動が当たり前のように行われます。実際、どれほど非生産的であり、建設的な思考法という建前とどれほど矛盾していても、自分が何をしているかは意識しないのです。さらに悪いことに、防御的な思考法をしているのが無意識であるせいで、誰かに指摘されても自分が防御的であることを否定してしまいます。

　でも大丈夫です。アーガリスによれば、自分の対話を見直すことによって自分の行動を意識できるようになり、その結果として行動を変えられます[48]。たゆまぬ努力と実践を通じて、自己開示と他者理解を重視して行動できるようになり、共同で検討したり学んだりできるようになります。すなわち、組織の境界を越えて知識を共有し、以前ならタブーとされていた慎重を要する問題に対しても問題を共有して解決できるようになるのです。ただし、そのためには相当な努力が必要であり、さらに慎重を要する心の機微に触れるような取り組みもやらなければなりません。

　自分の行動が問題の一因になっていることを認識する必要がある以上、これは容易ではありません。自分が非生産的な会議や防御的な人間関係を助長しているかもしれないなんて、考えたくもありませんよね。自分の非を認めることは誰にでもできることではないのです。しかも、たとえ謙虚になって努力を惜しまないとしても、新しいスキルを身につけるには時間がかかります。アーガリスたちは習慣化してしまった行動を変えるためには「そこそこテニスができるようになるのと同じくらいの練習が必

[†3]　訳注：言及されている『アンナ・カレーニナ』は、「幸福な家庭はどれも似たものだが、不幸な家庭はいずれもそれぞれに不幸なものである」（トルストイ、岩波文庫、1989 年）というフレーズから始まります。これは、幸せな家庭には愛情や安定性など共通する要素があるのに対して、不幸な家庭はそれぞれが独自の問題を抱えており、その不幸の原因や状況は家庭ごとに異なるという意味です。

要だ」と言います [49]。それを聞いて気が遠くなるなら、思い出してください。組織
内の実際の問題解決に取り組むのであれば、練習する機会は毎日のようにあるので
す。改善したいと望むなら、何を練習すればいいかお伝えすることができます。

　本章の後半では、日々の対話から学ぶことで、建設的な思考法の訓練をする方法を
紹介します。対話から学ぶための核となるテクニック（4R）を紹介したうえで、診断
の練習ができるように具体例を示します。続く章では、4R のアプローチを繰り返し
用いて、「信頼」、「不安」、「WHY」、「コミットメント」、「説明責任」の対話の具体的
な内容を学びます。この 5 つの対話を使いこなせば「よくある落とし穴に落ちて、自
らの信じる建設的な思考法を使えなくなる」ということがなくなります。どんな落と
し穴があるのか、見てみましょう。

1. **信頼**を欠いていては、自己開示と他者理解を目指せません。
2. 言葉にできない**不安**を感じていたら、無意識であっても防御的に行動してしまい
   ます。
3. **WHY** が共有されていないと、建設的に意見をぶつけ合うことができません。
4. 明確な**コミットメント**を避けるのは、自分に危害が及んだり恥ずかしい思いをし
   たりしそうなときです。
5. **説明責任**を果たそうとしない限り、経験から学ぶことができません。

　こうした課題を一つ一つ克服してこそ、ハイパフォーマンスな組織に不可欠な、生
産的で学びにあふれた対話ができるようになるのです。

対話の種類に関する追加考察

　本書は一貫して対話をテーマとしているため、ここで一度、本書で扱う対話の
種類を説明しておきましょう。

　「対話」と聞いてまず思い浮かぶのは、2 人以上が同じ部屋で顔を突き合わせ
て話をするというイメージではないでしょうか。しかし、それ以外にも様々な
コミュニケーション・チャンネルを普段から使っていることが多いでしょう。電
子メールを使わない人はいません。Slack、Microsoft Teams、IRC（インター
ネットリレーチャット）などのチャットシステムはどんどん使われるようになっ

ています。音声だけの電話会議から一歩進んで、ビデオを使った分散型会議はますます一般的になっています。

　どの対話形式でも、本書の内容は使えると思いますが、それぞれにあるトレードオフは考えておくべきでしょう。コーバーンのモデルに基づくトレードオフを**図2-1**に示します[50]。

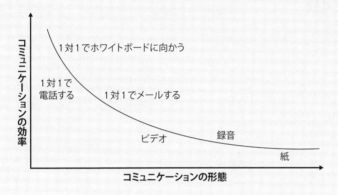

図2-1　様々なコミュニケーションの効率

　コーバーンは「コミュニケーションが最もうまくいくのは、1対1の対面で行う時である。2人でホワイトボードに向かっているときのことを考えてほしい」[51]といいます。この状態が一番うまくいくのは、2人の間で交わされる言葉以外の情報が最も多く、最も早く返事がもらえるからです。しかし、慎重を要する対話の練習をしているときや、当事者が強い感情を抱いているときなどは、同じ理由のせいで対話が難しくなります。相手の顔が怒りで真っ赤だったら、対話の内容に直接関係しませんが、威圧的だと感じて対話に集中できなくなるかもしれません。

　学習という観点から見ると、非同期のコミュニケーションチャンネルにはいくつかいいところもあります。まず、それぞれが実際に何と言ったかを正しく記録しておけるので、後から対話を診断する際に大いに役立ちます。例えば、メールの下書きに対して4Rを行えば、学習中のテクニックを使って得られた洞察を反映させたうえで最終的なメールを送信できます。

　最終的に求めるべきは、これらの手法を直接対面で、リアルタイムに適用できるスキルです。非同期のコミュニケーションからうまく学ぶことによって、ゴールに近づけます。

2.3　4R

　体験は学ぶきっかけにはなりますが、体験から学ぶために実際に時間を取る人は多くありません。本書では、対話から学ぶ方法として、記録（Record）、内省（Reflect）、改訂（Revise）、ロールプレイ（Role Play）の 4R を用いています。（**図2-2** にあるように、この 4R のほかにあと 2 つ、反復《Repeat》と役割の交換《Role Reversal》がこっそり加わっています。）

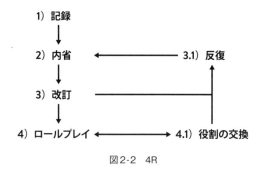

図2-2　4R

　4R を使い始めるには、対話を文章で**記録**（Record）する必要があります。次節では私たちが推奨する「対話診断（TCCA）」[†4]のやり方について説明します。ペンや紙を使うのを面倒に思い、対話を「心の目で」考えたり、友人と話したりすることで診断したくなることもあるでしょう。しかし、**それではいけません！** 紙に書き出すという行為は診断に欠かせないのです。書くことによって、脳はまるで他人事のような距離感で対話について考えることを強いられるからです。この距離感は内省と改訂

†4　訳注：TCCA（Two-Column Conversational Analysis）。紙を半分にして左側に考えたことや感じたこと、右側に実際に言ったことを記載することから「2 列」と名付けられています。

によって洞察を得るために不可欠です（この点については後述します）[†5]。

　対話を記録したら、次は**内省**（Reflect）です。試そうとしているツールやテクニックに注目しながら進めましょう。5つの対話のそれぞれに対応したツールをこれから提案していきます。時間をかけて練習すれば、対話の内容に応じて使いこなせるようになるでしょう。ただし、まずは1つずつツールやテクニックを使うことをお勧めします。そのツールを使って対話を採点する方法と、内省によって、改善箇所を把握できるようになるためのガイドラインを示していきます。

　対話を採点したら次は、もっと高得点が出せるように**改訂**（Revise）してください。改善されたかどうかはどのように判断するのでしょうか？　**反復**（Repeat）です。改訂したやりとりを採点して、もう一度内省してください。1回目より点数は上がりましたか？　最初と比べて大して点数が伸びていないと驚くかもしれません！　でもがっかりしないでください。新しいスキルを習得しているときには特によくあることです。1つのテクニックのチェックポイントをすべてクリアするためには、5回10回と改訂してみなければいけないかもしれません。

　最初とは違う対話のための台本ができたところで、まだ重要なステップが残っています。それが**ロールプレイ**（Role Play）です。協力してくれる友人を見つけて対話の相手役になってもらい、自分の台詞を声に出して言ってみてください。実際に言葉を声に出してみるとどんな感じがするでしょうか。文章では問題ないと思っていたことが、口に出すと不自然に感じることがよくあります。単語を変える必要があるのかもしれませんし、いつもと違う話し方をする練習が必要なのかもしれません。

　どのくらい成長したかをチェックしたいときに役立つもうひとつのやり方が、隠れたR、すなわち**役割の交換**（Role Reversal）です。台本中の立場を入れ替え、あなたの台詞を友人に言ってもらいます。相手の立場になって自分の言葉を聞いてみて、どう感じますか？　自分の言葉を聞くことで、練習中のスキルを活かしながら、対話を自然に感じさせるヒントが得られるでしょう。

　1回の対話に対して4Rをすべて行えば、その経験から最大限の学びを得られるようになります。その後に続く対話に対しても診断を続ければ、学びの量とペースは飛

[†5]　この距離感について、極端な例を見せてくれたのが、私たちの友人であり教師でもあるベンジャミン・ミッチェルでした。ミッチェルはオーディオレコーダーを使って自分の対話を録音していたのですが、初めてテープに録音された自分の声を聴いたとき、自分が犯している間違いに気づいてレコーダーに向かってこう叫んだのです。「ベンジャミン、やめろ！」

躍的に向上し、練習成果をすぐに得られるようになるでしょう。

2.4　対話診断

4R の最初のステップは、先ほど説明したように、改善したい対話を記録することです。これから紹介するのはクリス・アーガリスが考案した対話の重要な要素を記録するための驚くべき手法です。本書でこの手法を好んで使っている理由は 2 つあります。第一に、明確に規定された機械的な手法であるため、エンジニア好みであること。第二に、残り 3 つの R（内省、改訂、ロールプレイ）と実にスムーズにつながることです。

最初は、対話診断は単純すぎて価値がないと思われるかもしれません。しかし、これは重要な洞察を得て対話を改善するための最短ルートです。本書では「5 つの対話」をうまく行う方法を説明するために、この診断手法を随所で使用しています。

2.4.1　やるべきこと

1. 普通のコピー用紙 1 枚（1 枚**だけ**にしてください。理由はすぐにご説明します）
2. ペン、鉛筆、またはその他の筆記用具。

本当にこれだけです（簡単だと言ったでしょう！）。繰り返しになりますが、「やりとりを想像すればいい」、「覚えておけばいい」といって書くことをサボらないように。実際に紙に書いてみましょう。そうやって一歩引いてみることが重要な気づきにつながるのです。

2.4.2　対話を記録する

まず、改善したい対話を思い浮かべてください。最近あった対話でもいいですが、そうでなければいけないわけでもありません。昔の対話にも使えます（私たちはよくやります）し、これから行う対話で気になっていることを診断することもできます。

次に、紙を縦に半分に折ります。右側には、対話の参加者の発言を書きます。一字一句間違えないようにと気を使う必要はありません。それより、対話の響きや味わいを大切にしましょう。逆に、編集したり言葉を付け加えたりしては絶対にいけません。意識すべきは、中立的な立場のリスナーやオーディオレコーダーのように聞いた

ことを記録することです。

台詞を書き終えた後、左側にはその言葉を聞いた時にあなたが思ったことを書きます。ここで手を抜かないでください。慎重を要する対話では自分の考えと発言内容が大きく違うことがよくあるので、心に浮かんだことをすべて書いてください。どんなに無関係に思えたり、的外れだと思えたりしてもです。**大事なことですが**、相手が考えたことは**一切**書いてはいけません[†6]。

2.4.2.1　短くまとめるのがコツ

対話診断の手法を初めて使う人は、長い対話の一言一句を記録しようとして必要以上に書いてしまうことが多いようです。そこまでやらなくても大丈夫です。対話の中で最も感情を揺さぶられた部分に集中すれば、大事な箇所は用紙の半分に収められることがほとんどです。準備する紙は1枚だけといったのはそのためです。

このように対話の大事な部分に集中するためには、対話を最初から書くのではなく、途中から始めた方がいいかもしれません。それでも問題ありません。主に読むのは自分ですから、対話の背景や参加者がその前にどんなことを言ったかはわかっていると考えてよいのです！

1ページに収めるのが難しい場合は、さらに短くページの半分だけにしてみてください[†7]。長さを厳しく制限することで、記録の価値はより高まり、診断に適したものになります。

2.4.2.2　対話診断の例

対話診断のテクニックを使って、著者同士の実際の対話を見てみましょう。この例は、対話診断をする際の大事なコツをすべて簡潔に示しています。それは、短くすること、考えと実際の発言が両方とも含まれていること、そして、両側の違いを見ると多くの学びが得られることです。

他の人の対話の記録を読むときは、書き起こされた通りの順番で読みます。まず右

[†6]　ただし、例外が2つあります。1つ目は、相手と一緒に作業する場合、相手の考えを含めても構いません。これは非常にやりがいがありますが、恐ろしくもあります（例として5章を参照）。2つ目は、あなたのテレパシー能力が開花しているなら、このルールは適用されません。しかし、本当に心を読める人には、率直に言って、この本のほとんどはあまり役に立たないでしょう！

[†7]　最近、もっと短い2行のケースでもうまくいきました。あなたの一言と相手の一言の2行です。大事な洞察はとても短い表現からでも得られることを保証します！

側を読んで交わされた対話を理解してください。それから戻って左右を通して読み、交わされた対話とともに起こっている内面の対話を理解します。当然ですが、左から右、上から下へと読んでいくと、ジェフリーが海外に行っていると言う前に、スクイレルがジェフリーがいないことを心配していることがわかります。音読するなら、考えと発言を区別してもいいかもしれません。こんな具合です。ジェフリーはこう言いました。「次回予定のオンライントレーニングの間、私は海外に行っています」それを聞いてスクイレルは思います。「おっと！回線やソフトウェアの接続を設定するのはいつもジェフリーだ」普段は頭の中で考えたことと実際に言葉に出したことを意識して区別しないので、このように区別して書くのは役に立ちます。慣れないうちはとっつきにくいかもしれませんが、がんばってください。何度か自分の対話を記録していれば、診断ははるかに簡単になります。

ジェフリーとスクイレルの対話

スクイレルの考えや感情	ジェフリーとスクイレルの発言
おっと！回線やソフトウェアの接続を設定するのはいつもジェフリーだ。今回はどうしよう？	ジェフリー「次回予定のオンライントレーニングの間、私は海外に行っています」
絶望的だ。あきらめるしかないかも。	スクイレル「わかりました。そうなるとあなたのオフィスでは開催できませんよね。キャンセルした方がいいでしょうか？」
確かにそうだけど、技術的なことはどうする？ジェフリーがやっているのを見る限り難しそうだけど。	ジェフリー「いやいや、私もオンラインなら参加できると思いますよ。それならあなたも家にいられるし、オフィスに来る必要もありません」
それはいい。通勤のストレスが減るからね。	スクイレル「そうですね。オンラインでも参加できるだろうし、その方が自分も移動が少なくて済みますからね。でも、ソフトと回線のセットアップはやったことがないんですよ」

ジェフリーみたいにうまくやる自信がない。	ジェフリー「心配しないでも大丈夫です。主催者がとてもいいチュートリアルのリンクを送ってくれているから、何の問題もありませんよ」
失敗したらどうしよう？ 何百人もの参加者が、有料セッションでもたついた私に激怒するだろう。でも、やってみるしかないか。	スクイレル「じゃあ、やってみることにしますね」

　右側だけを読むと、比較的穏やかな対話で、スクイレルは軽い疑念を表明しているだけです。実際、もしあなたが私たちと一緒に部屋にいたなら、そのように観察したでしょう。しかし、左側にはスクイレルが内心抱えている不安や心配事がはるかに多く表れており、「絶望」や「激怒」といった言葉が感情の深さを物語っています。このように、表現されずおそらくは議論もできないような考えや感情こそが、これから紹介するテクニックを使って対話を診断する際に集中的に向き合うべきものなのです。

2.5　対話を診断する：内省、改訂、ロールプレイ

　対話を紙に書き出したら、次は分解してどんな結果を生み出しているのかを理解し、改善する方法を探る番です（4R の内省、改訂、ロールプレイ）。自分の対話を評価する際には考えるうえでの基準がほしいと思うかもしれません。それについては自己開示と他者理解を重視できているかを見ていくのがいいでしょう。この２つは協業するうえで欠かせないからです。また、自分が参加する対話に必ず登場する行動パターンに注目することも大切です。

　対話を振り返る際には後で改訂する際の参考にするため、対話に印をつけます（**図2-3** 参照）。赤ペン（または他の色）に持ち替えて、目立つようにしてください。

　まず、中堅企業のシステム管理者であるノルベルトによる対話診断から見ていきましょう。ノルベルトは上司のクインと、新しいプロジェクトでどの仮想化ソフトを使うのが一番いいかを判断しようとしています。

ノルベルトとクインの実際の対話

まず右側を読み、それから戻って右から左へ読んでください。

ノルベルトの考えや感情	ノルベルトとクインの発言
オープンソースがいいに決まっている。	ノルベルト「ここは KVM にすべきだと思いますよ。一番フレキシブルだし、私たちのニーズにも合っています」
「サポートの待ち時間」を効率的な時間の使い方としてくれるならそうかも。	クイン「標準ではありませんけどね。Virt-App はどの既存プロジェクトでも効率的に機能していますよ」
なぜいつもクローズドソースを推すのだろう？	ノルベルト「オーケー。でも、いつも修正を待たされるんですよ。自分たちで問題に対処できるよう、コントロールしたほうがいいのでは？」
そんなの意味ない！ みんな KVM のことは少なくとも初歩は知っている。	クイン「そうですけど、再教育のコストを考えるとね。全員に新しいツールについて教える追加予算が取れるとは思えないんです」
実際、それほどトレーニングは必要ない。みんなサイドプロジェクトですでに使っているんだから。	ノルベルト「チームに聞いてみては？ みんな喜んで自習してくれると思いますよ」
もっと自主性を持てって言ってなかったか？ なんて偽善者なんだ！	クイン「残念ながら、このような予算に大きく関わる決定をチームに任せることはできないんですよ」
典型的なマネージャーで、リスクを取る気がない。もう決定事項だったら反論しても意味がない。	ノルベルト「オーケー。でも本当のチャンスを逃していると思いますよ」

　「この対話はあまり楽しいものではありませんでした」と、ノルベルトは後に語っています。「クインは私の提案を切り捨てたのですが、それだけでなく、クインのお気に入りである Virt-App を使うことに同意するよう、操られているような気がしたんです」　ノルベルトの対話記録の左側を見ると、このような否定的な見方が展開されているのがわかります。いわば、皮肉に始まり、悲観的運命論で終わっていると言えます。

この対話をどう変えれば違う結果になったのでしょうか。以下では、もっといいやり方を発見するために、ノルベルトがどのように対話を診断したかを説明します。これはどんな対話にも使える基本的な診断ステップです。本書を読み進める中で様々なテクニックに触れていくと、そのテクニックを使って対話を採点したり、対話から学んだりする方法についてさらに理解が深まります。

2.5.1 他者理解を振り返る： 質問分数

私たちの求める建設的な思考法の最初の原則は「他者理解」です。自身がどのくらい他者理解を目指せているかを判定するために、質問分数から開始します。この対話の「質問分数」を求めるために、ノルベルトはまず右側の列を見て、すべての疑問符を丸で囲みました。見つかったのは2つです。これを右側の列の一番上に、分母として書きました。?/2 です。

さて、ここからが難しいところです。ノルベルトは「私のした質問は、真摯だったのだろうか」と自問しました。**真摯な質問**には次のような特徴があります[52]。

- 本当に答えを知りたい。
- 答えを聞いて驚くことがあってもそれは当然である。
- 答えに応じて自分の考えや行動を変えることをいとわない。

それとは対照的に、真摯ではない質問は何か新しいことを学ぶよりも自分の主張をするために使われます。本当は意見の表明であるのを隠していたり、自分の思い通りの結論に相手を導こうとしていたりするのです。弁護士は特に誘導尋問が得意で、証人に意図せずこちらの望む答えを言わせようとします。「正午にボブの家に車で行きましたか？ あなたがドアを叩いて怒鳴るのを近所の人が見ています。間違いありませんね？ そして、彼がドアを開けた時、あなたは銃を取り出しました。そうですよね？」

重要なのは、質問を聞いただけでは、真摯な質問とそうではない質問の区別がつかないということです。同じ言葉でも、ある文脈では真摯な質問となり、別の文脈ではそうではない質問になることがあるのです。真摯であるかどうかを決める鍵は質問をする人の考え方です（口に出されることは滅多にありません）。例えば、私があなたに「あの重大なバグはもう直したのですか？」と聞いたとします。私は純粋にその修

正状況を知りたいのかもしれないし、その修正に取り組むよう圧力をかけようとしているのかもしれません。あるいは、私が最も重要だと考えている機能に着手していないことにさりげなく文句を言っているのかもしれません。質問の本当の動機を知りたければ、左側の列（私の考え）を見るしかありません。

　ノルベルトは自分が真摯であったかを振り返りながら、こう言いました。「認めたくありませんが、左側の列を見れば、私の質問はどちらも真摯ではありませんでした。自分たちでコントロールすることについて最初の質問をしたのは、クインにオープンソースを使うことを勧めたかったからです。チームに相談しようといったのは仲間を増やすためでした。チームメンバーが KVM を支持することは分かっていたので、自分に有利な証言を集める手段だったのです」

　真摯な質問は１つもなかったので、ノルベルトは分子にゼロと書きました。0/2 です。「うわー、私がクインの考えにあまり興味がなかったのは明らかですね。私は真摯な質問を１つもしなかった」

　繰り返しになりますが、自分の対話を診断するときには自分がした質問の数を合計してください。これが分母です。次に、質問のうち真摯なものがいくつあったかを分析します。

$$\frac{真摯な質問}{実際にした質問}$$

　質問分数はあなたが対話の中でどの程度他者理解を目指せているかを理解するのに役立ちます。自分はオープンマインドで対話をしたと思っているかもしれませんが、真摯な質問をしていなければ、他者理解を目指せていなかったことになります。これは改訂ステップに進む際の貴重なインプットとなります。

2.5.2　自己開示について内省する：口に出さなかった考えや感情

　次に、ノルベルトは左側の列に目を向けました。慎重を要する対話ではよくあることですが、この欄には右側にはない発言や質問がたくさん書かれています。つまり、頭には浮かんだけれど共有されなかったもの、すなわち口に出さなかった考えや感情が含まれているのです。

　感情は対話の中で共有するのがとりわけ困難です。そのための練習が不足している

だけではなく、感情について話すことは、防御的マインドセットの標準的な原則の 2 つ、すなわち「否定的な気持ちを表現するな」と「非合理な振る舞いをしていると人にさとられるな」に違反するからです。

どうすれば生産的に感情を伝えられるかを考えるうえでは、マーシャル・ローゼンバーグの著書『NVC：人と人との関係にいのちを吹き込む法 新訳』（日本経済新聞出版、2018 年）[53] から感情を共有するためガイドラインを見ていくのがいいでしょう。

- 感情と思考を区別しましょう。「感じる」の前に「選択を間違えたように感じる」と付けて考えを述べることがあります。「感じる」を「考える」で置き換えられれば、感情を表現していないことになります。

- 自分が感じることと自分について考えていることを区別しましょう。「詐欺師のような気分だ」というのは、自分のことをどう思っているかについての考えを共有しているのであって、感情を共有しているのではありません。

- 自分が感じることと、他人が私たちに対してどう反応してどう振る舞うかを区別しましょう。この項目がガイドライン中で一番困難です。というのも、「無視された気がする」、「誤解だ」などと言うとき、発言が実際に指しているのは無視したり誤解したりした別の人のことだからです。

- 感情を表す語彙を作りましょう。「あのときいい気分だった」というのはあまり具体的ではないし、「あのとき嫌な気分だった」というのも具体的ではありません。私たちの言葉には具体的な感情の状態を表す単語が何十個もあります（非暴力コミュニケーションセンターの「感情辞書」を参照）[54]。その中から自分がどう感じているかを最も適切に表す言葉を探す時間を取りましょう。

このガイドラインが難しいのは、ここに書かれているような発言は直接の感情表現ではないにもかかわらず、どれも強い感情を呼び起こすからです。その感情は強くてはっきりしているので、他人からも自明だと思い込んでしまうのです。「透明性の錯覚」として知られるこの認知バイアスは、本当の意味で自己開示することを阻む障害のひとつです。明白なことをなぜ共有しなければならないのでしょう？ 自分たちの対話を振り返るとき、もし自分の感情を明確に共有していないなら、それは自己開示できていないのだということを忘れてはいけません。

　共有しなかった考えについてふりかえるときにはローゼンバーグのもうひとつの
ポイントを思い出しましょう。すなわち「観察したこととそれに対する評価を区別す
る」[55] です。ノルベルトがクインに「偽善者」の烙印を押したときのように、他人
の行動がどういう意図で行われたのか、私たちは考える間もなく決めつけがちです。
このような評価は一瞬で行われるので、真実と勘違いされがちです。同様に、自分の
感情を他人に投影し、その判断が正しいと誤って思い込んでしまいます（これも「透
明性の錯覚」です）。このように意図を押し付けていたり、相手が言ったわけではな
い感情を勝手に読み取ったりしていることに気づいたら、それは他者理解の引き金に
なるはずです。自分がそうなっていると気づいたら、相手が本当に考えたり感じたり
していることを探りましょう。

　こうしたことを念頭に置いたうえで、ノルベルトは**左側の欄（自分の考え）**の中で、
右側の欄にわずかでも表現されていない文章に下線を引きました。

　ノルベルトはふりかえってこう言いました。「最初の台詞で自分の気持ちをやんわ
り伝えています。その後のやりとりではずっと、オープンソースを支持していること
を暗に表現していて、Virt-App に対する意見として待ち時間について触れています。
しかし、Virt-App のサポートの遅さにイライラしていることははっきり言っていま
せん。続く行では、私の考えはますます否定的で見下したものになっています。その
ような感情を共有できなかったので、すべて下線を引きました。下線を引いたものを
すべて見ると、私はクインに対してあまり自己開示できていなかったことがわかりま
す。私が知っていることをすべて共有しませんでしたし、その時感じていた感情も共
有しませんでした」

2.5.3　パターンを振り返る：トリガー、無意識の仕草、条件反射

　さらにノルベルトは対話の中から自分の**トリガー**、**無意識の仕草**、**条件反射**を探し
ました。これらは人それぞれなので、対話をいくつか診断し、同じ行動パターンが繰
り返されること気づいて初めて明らかになるのです。

- **トリガー**とは、強い反応を引き起こす自分以外の行動、発言、その他の出来事
  のことです。例えば、経験の浅い開発者は「ジュニア・エンジニア」という言
  葉が自分に向けられるのを聞くと、チームにとって自分の価値が低いと感じら
  れるため、落ち込んで対話をやめてしまうかもしれません。

- **無意識の仕草**とは、あなたが自己開示と他者理解を重視して行動していないことを示す振る舞いのことです。例えば、あるマネージャーがミーティングルームを歩き回るのは、チームが自分の指示を受け入れていないと考えてイライラしているときかもしれません。

- **条件反射**とは、どんな状況でも変わらない本能的なデフォルトの反応です。例えば、素早く決断を下して後で調整しがちな人もいれば、事実がすべて判明するまで決断を遅らせがちな人もいるかもしれません。

　自分にどんなトリガー、無意識の仕草、条件反射があるのかを自覚できれば、より自覚的になって、ある瞬間にどう反応するかの選択肢を増やせるようになります。私たち自身、この種の分析から恩恵を受けたことがあります。スクイレルはとても背の高い同僚が自分を見下ろすように立つと、不安を感じて防御的になるというトリガーを発見しました。ジェフリーは自分の対話を診断して、明らかでないことを説明する直前に「明らかに」と言って左手を挙げることに気づきました。それに気づいたとき、ジェフリーは「明らかじゃないですね」と言い、考えていることを説明するようになりました。

　間違った条件反射と言うものはありませんが、どんな状況でも正しい条件反射もありません。条件反射に合わせて行動していることに気づいたら、その条件反射がその時のシナリオに合っているかどうかを考えるきっかけになります。

　「この対話の中で、トリガーと無意識の仕草を1つずつ見つけました」とノルベルトは言います。「まず、私はクインがチームに相談することを拒否したことに強く反応し、左側でクインを偽善者と呼びました。合理的な要求と思われるものを平然と拒否されたとき、私はよくこうします。これはトリガーと言えるでしょう」

　「さらに、思ってもいない時に『オーケー』と2回言いました。2回目は、左側でクインを非難しながら、右側では同意していました。今後はこの無意識の仕草に気をつけて、思ってもいないのに『オーケー』と言わないようにしたいです」

　対話の中でトリガーや無意識の仕草、条件反射となる言葉を見つけたら、丸で囲み、ラベルを付けます。対話にラベルをつけることによって、「改訂」に進んだ時の目印になり、また、対話しているときや後で診断しているときに思い出しやすくなります。

2.5.4　改訂：もっといいやり方を考える

　ついに、見つけた問題を解消するために対話を書き直すときがきました。使うのは注釈入りの対話記録（**図2-3**）です。

　「もっと他者理解を目指し、もっと真摯に質問したかったです」ノルベルトはこう語りました。「また、挑戦したいという自分の考えや感情を左側から右側に移し、建設的な言い回しで表現することで、より自己開示するべきだと思いました。そして、今回気づいたトリガーや無意識の仕草に反応する際、あらかじめどういう行動をするか計画しておきたいです。私の目標は、学んだ新しいスキルを実践すること、クインの考え方についてより深く知ること、そしてクインのマネジメントスタイルがどれほど私を苛立たせているかを理解してもらうことでした」

ノルベルトの考えや感情	ノルベルトとクインの発言
オープンソースがいいに決まっている。	ノルベルト「ここは KVM にすべきだと思いますよ。一番フレキシブルだし、私たちのニーズにも合っています」 $\frac{0}{2}$
「サポートの待ち時間」を効率的な時間の使い方としてくれるならそうかも。	クイン「標準ではありませんけどね。Virt-App はどの既存プロジェクトでも効率的に機能していますよ」 無意識の仕草
なぜいつもクローズドソースを推すのだろう？	ノルベルト「オーケー。でも、いつも修正を待たされるんですよ。自分たちで問題に対処できるよう、コントロールしたほうがいいのでは？」
そんなの意味ない！ みんな KVM のことは少なくとも初歩は知っている。	クイン「そうですけど、再教育のコストを考えるとね。全員に新しいツールについて教える追加予算が取れるとは思えないんです」
実際、それほどトレーニングは必要ない。みんなサイドプロジェクトですでに使っているんだから。	ノルベルト「チームに聞いてみては？ みんな喜んで自習してくれると思いますよ」 トリガー！
もっと自主性を持ってって言ってなかったか？ なんて偽善者なんだ！	クイン「残念ながら、このような予算に大きく関わる決定をチームに任せることはできないんですよ」
典型的なマネージャーで、リスクを取る気がない。もう決定事項だったら反論しても意味がない。	ノルベルト「オーケー。でも本当のチャンスを逃していると思いますよ」 無意識の仕草

図2-3　ノルベルトとクインの注釈付き対話

ノルベルトが改訂したケースを見てみましょう。

ノルベルトとクインの対話（改訂後）

ノルベルトの考えや感情	ノルベルトとクインの発言
オープンソースがよさそうだが、クインの考えも聞いてみよう。	ノルベルト「ここは KVM にすべきだと思いますよ。とてもフレキシブルなので。どう思います？」
同意しにくい回答だ。「サポートの待ち時間」は効率的な時間の使い方とは思えない。	クイン「確かにフレキシブルだと思いますが、標準ではありませんよね。Virt-App はすべての既存プロジェクトで効率的に動いています」
自分の無意識の仕草に気づいた！ クインはベンダー依存が強い点について同意するだろうか？	ノルベルト「オーケー…、いやオーケーじゃないです。Virt-App はこちらの要求に応えるのがいつも遅いんです。サポートを待たされるのにいつもイライラするんです。また、ベンダーロックイン問題についても懸念しています。その点についてはどう考えますか？」
教育については考えるべきだ。でも、ある程度対応できている。	クイン「いい点をついていますね。対応が遅いことは知りませんでした。でも、再教育のコストについてはどう思いますか？ 全員に新しいツールについて教える追加予算が取れるとは思えないんです」
実際、それほどトレーニングは必要ない。みんなサイドプロジェクトですでに使っているんだから。	ノルベルト「実は、ほぼ全員が KVM について知っています。私の方で確認しておくこともできますよ。どうしますか？」
もっと自主性を持てって言ってなかったか？ これは私のトリガーだ。自主性について直接聞いてみよう。	クイン「確かに確認するのはいいかもしれません。でも、チームに使用するツールが決まったと思わせないでください。残念ながら、このような予算に大きく関わる決定をチームに任せることはできないのです」

自己組織化を進めることについて意味のある議論ができたらと思う。	ノルベルト「すぐには合意できませんね。我々にはもっと自主性が求められています。意思決定をどのようにするかについて、もっと話し合えませんか？」

「この対話は到底、完璧とは言えません」と、ノルベルトは改訂した対話を振り返りました。「でも、左側の懸念事項はほとんど共有することができましたし、真摯な質問も3つしました。さらに、トリガーと無意識の仕草にも気づきました」

この2つ目のケースに対して、質問分数を当てはめてみてください。また、自己開示できているか、条件反射、無意識の仕草、トリガーがどうなっているかを下線を引いて調べてみてください。そして、こちらの対話の方がうまくいっているというノルベルトの意見に同意できるかみてみましょう。ひとりでやると最初のうちは内省と改訂は難しいと思ってください。ここで学んでいるスキルは説明するのは簡単ですが、マスターするのは難しいのです。実際、同じケースを何度も改訂し、その結果をさらに内省して、採点し直すのはよくあることです。納得のいく代替案を出せるまで何度も繰り返すこともあります。

2.5.5　ロールプレイ：対話がさらにうまくなるための練習

4Rの4つ目であるロールプレイは、これらの新しいスキルに慣れるために大いに役立ちますので、修正した台詞を友人や同僚と一緒に読み上げてみてください。鏡に向かってひとりでやっても構いません。台詞を口にするとき、どのように感じるかを考え、自然で心地よいと感じるまで台詞を調整してください。最終的なテストとして立場を入れ替えて、その台詞が自分に向かって言われたときにどう感じるかを考えてみましょう。「書く」、「話す」、「聞く」というそれぞれのステップで気づきを得て、それぞれで違った改善ができることを私たちは経験上知っています。

「台詞を口に出して言うのは予想以上に難しかった」とノルベルトは振り返ります。「ロールプレイのときでさえ、チームがこのような決断に加われないことに腹が立ったのです。そして、立場を入れ替えて自分の台詞を聞いたとき、自分が現状に抱いている不満を共有できていなかったことに気づきました。最終的には自分の気持ちを明確に伝えるように改訂したのですが、その方がはるかにうまくいっていると感じました」

2.6　対話例

　対話診断を練習する題材として、本章では具体例を紹介します。ここまでの説明に従って採点してみたうえで、明らかになった問題に対処できるよう対話を書き直してみてください。難しそうに思えても心配しないでください。最初は誰でもそうです。本書の続きを読めば、試してみるべきテクニックはたくさん出てきますし、練習するチャンスもたくさんあります。それでは実際に具体例をみていきましょう。

2.6.1　ターニャとケイ：仕掛中を制限する

　ターニャはこう考えています。「私はリーンスタートアップコースを受講し、私がプロダクトオーナーを務めるアジャイルソフトウェアチームのバリューストリームマップを描いたところだ。思うに、仕掛品（WIP）の制限を始める必要がある。開発プロセスに大きなバッファリングがあるステップがいくつも存在するためだ。大きな障壁のひとつに、ケイの作業を待つ時間が発生してしまうことがある。リリース前にテスターのケイに最新の変更を検証してもらわなければならないからだ。もっと効率的に進めるために WIP を制限すべきだとケイを説得するのは簡単だろう」

ターニャとケイの実際の対話

まず右側を読み、それから戻って右から左へ読んでください。

ターニャの考えや感情	ターニャとケイの発言
ケイは本当にこれを気に入りそうだ！	ターニャ「いい考えがあります！ スプリントのリリース前に、テストを終わらせるように、いつもあなたにプレッシャーをかけていますよね。それをやめられそうです」
ボトルネックに容量を追加することはスケーラブルではないし、そんな予算もない。説明しよう。	ケイ「いいですね！ もう1人テスターを雇いますか？ 明らかにもう1人必要ですが」
ケイはきっとその利点を理解できるはずだ。ただ、WIP リミットをどこから設定すればいいのかがわからない。	ターニャ「そうではないのですが、雇うよりもっといい方法です。『テスト準備完了』状態にするチケットの数を制限するんです。3枚くらいがちょうどいいでしょうか？」

うーん、彼女にはもっと説明が必要だね。	ケイ「ちょっと待ってください。それだとエンジニアをもっと困らせることになりませんか？『テスト準備完了』の手前の状態で変更が山積みになってしまいます」
コースの中で、それを明確にする素晴らしい図を見ました。	ターニャ「いえ、それがいいんです。『プル』と呼ばれる仕組みのおかげで、最初に行うチケットの枚数が減るので。お見せしますよ」
がっかりだ！ケイはまったく誤解している。WIPリミットがあればどれだけ仕事が楽になるか、なぜ私に説明させないんだろう？	ケイ「そうは思えませんが。重役たちは『もっと機能を増やせ』と言い続けていて、ペースが落ちるのを許さなそうです。また後で教えてください。明日のリリースのためにテストを仕上げなきゃいけないので」
何がいけなかったんだ？	ターニャ「オーケー、明日のスタンドアップの後でいいですか？」

　この最初の例では、採点結果と改訂された対話をお見せしますが、自分でやってみるまでは、私たちの回答例を見ないようにしてください。また、点数や改訂後の対話が大きく違ったりしてもお気になさらず。**正解**はなく、**改善**の余地があるだけです（「2.5.1　他者理解を振り返る：質問分数」〜「2.5.3　パターンを振り返る：トリガー、無意識の仕草、条件反射」で質問分数の見つけ方、表現されていない考えや感情、トリガー、条件反射、無意識の仕草について復習してください）。

質問分数

　ターニャの右側の欄には疑問符が1つあります（「3枚くらいがちょうどいいでしょうか？」）。そこで、分母に1を加えます。これは真摯な質問でしょうか？ 確かなことはターニャにしかわかりませんが、真摯ではないと思われます。確かに、どこで制限するかを知りたかったのは間違いありません（左側にそう書かれています）。一方で、もし予期していなかった答えが返ってきていたら、それを受け止められたとは考えにくいです。例えば、ケイがゼロ、100、あるいは「5、ただしチケットがドイツ語で書かれている場合に限ります」と答えたらどうなるか想像してみてください。ケイが意外な答えを返したとして

も、ターニャは自分の信念や行動を変えようとはしないでしょう。というわけで、ターニャの真摯な質問はゼロと判断し、0/1 点という結果になりました。

表現されていない考えや感情

対話を見る限り、左側から右側にほとんど何も伝わっていないので、左側のほとんどすべてに下線が引かれます。ターニャの考えによれば、ケイはその解決策を気に入るし、人は増やせないし、仕掛中制限についてケイにわかりやすく十分説明すればよいのです。対話が終わる頃にはターニャは失望と困惑を感じていますが、ケイには何も話しません。

トリガー、無意識の仕草、条件反射

もっと多くの例を見ないと、ターニャが使うかもしれないシグナルをしっかりと見定めるのは難しいです。しかし、無意識の仕草の可能性があるものとして、左側でターニャが繰り返し主張する「ケイにはもっと説明が必要だ」という言葉を挙げ、これを丸で囲み、無意識の仕草かもしれないと印をつけておきます。もし今後「説明が必要だ」という考えがよぎったら、やり方を変えようと思うかもしれません。

これが対話の改訂版です。採点してみて、よりうまくいくようになっているかどうか考えてみてください。それとも、あなたがターニャの状況に置かれたら違うアプローチをしますか？

ターニャとケイの対話（改訂後）

ターニャの考えや感情	ターニャとケイの発言
ケイが WIP の制限について聞くことに興味があるかどうか確かめよう。ケイの助けにもなると思う。	ターニャ「リーンスタートアップコースから帰ってきたばかりなんですが、あなたが気に入ると思う新しいアイデアがあります。それを説明して、どう思うか聞いてもいいですか？」
いいね！	ケイ「もちろん。でも、まだテストが終わっていません」

ゆっくり始めよう。ケイは私と同じように問題を理解しているだろうか？	ターニャ「そう、その話です。エンジニアはいつもスプリントの終わりにあなたのテストを待っているように見えます。それが非効率的だと思うのですが、あなたもそう思いますか？ それとも別の意見がありますか？」
半々かな。ケイは採用を提案しているが、予算がない。	ケイ「もちろんです。だから、もう 1 人テスターが必要だと言い続けているんです」
このことを説明したいけれど、今学んでいるのはあわてて説明しない術だ。まず確認しよう、ケイは別の解決策に前向きだろうか？	ターニャ「それはわかりますが、採用以外に別の解決策があると思うんです。新しいアイデアを説明しましょうか？」
おっと！ これがケイにとって感情的な問題だとは気づかなかった。	ケイ「率直に言って、ノーです。どんなクレイジーな新しいプランも、スプリントのたびに土壇場で押し付けられるテストの山を解決できるとは思えません」
ケイの感情は WIP の制限よりも重要だ。もしケイにその気があれば、まず話したい。	ターニャ「仕事量やテストの割り振られ方に不満を感じているようですね。私は今、仕事量そのものよりも、そっちが心配になりました。代わりにそのことについて話しましょうか？」

2.7　結論：あとは読者次第

　では、この章で学んだ 4R のテクニック（記録、内省、改訂、ロールプレイ）を使って、自身の慎重を要する対話を診断してみてください。こうしたテクニックを使うことで、対話から一歩引いて別の視点から対話を見れるようになります。

　学ぶペースを速くしたければ、自分の対話を他の人と見直すことを考えましょう！ 間違いなく客観的視点を提供してくれるでしょう。勇気があるなら、自分の診断結果を対話の相手と共有して相手の視点を把握し、もっとうまくコミュニケーションをとるためには対話をどう修正すればよかったか、アドバイスをもらうことも考えてみましょう。

　自分の対話を診断するときには自分が求めるものはもうわかっているはずだということを忘れないでください。自分が信じる建設的な対話をしたいのです。本章の冒頭で示したように、クリス・アーガリスによればたいていの人は最良の意思決定につながる行動をわかっています。自分の知っていることや思考の組み立てを自己開示して共有し、他者理解のために相手の知識や思考の組み立てに向き合うべきなのです[56]。この行動理論に従うことができれば、多様性の強みを活かすことができます。しかし建設的に対立することの難しさに直面すると、私たちは本能的にその機会から遠ざかり、代わりに防御的な思考法を採用してなるべく怖い思いや恥ずかしい思いをしないようにしてしまいます。

　このような防御的な反応をしてしまう気持ちはわかりますが、変革を成功させてその恩恵にあずかりたいと願うなら、許されるものではありません。組織を変革するためには組織としての振る舞いを根本的に転換する必要があります。DX をやろうとして失敗する 84 ％の企業の仲間入りをしたくないなら、まずは**対話**を変革することによってコミュニケーションのスーパーパワーを活用することを学びましょう。

第II部

3章
信頼を築く対話

　信頼関係の構築はチームがテイラー主義的なフィーチャー工場から抜け出し、高い
パフォーマンスを発揮できる組織文化を築くための最も基本的なステップです。従業
員が誠実に行動していないと考える経営者は、コミットメントを受け入れることは
できないし、コミットメントを果たせるようサポートすることもできないでしょう。
チームから情報を隠す技術リーダーは不安を克服することはできません。また、同僚
が本音を隠しているのではないかと疑っている開発者やプロダクトマネージャーは、
自らの WHY をうまく提案したりそれについて合意したりすることができません。

　信頼はこの後に登場する対話を成功させるための絶対条件です。いわば「信頼の取
扱説明書」とも言える本章では、まず信頼がどのように築かれるのかを調査し、どの
ような対話で破壊されてしまうのか、築くためにはどのような対話をすべきかを分析
し、「信頼を築く対話」をするための効果的なレシピを扱うことにします。

　本章を読めば次のスキルを習得できます。

- 解釈[†1]の不一致を見つけることで、信頼関係が築けていないことに気づく。
- 弱みを見せて言動を一致させることで、自己開示を続けて信頼を構築する道を
  拓く。
- 「人のためのテスト駆動開発」を使って他者理解を目指し、思考の組み立ての
  違いを発見してお互いの解釈を一致させる。

---

†1　訳注：ここでの解釈とは、起きている出来事に対してそれぞれが自分の頭の中で仕立て上げるストーリー
　　のことを指しています。

3.1　まずは信頼から

　信頼について検討するにあたり、まずは目立たない隠れた場所から始めましょう。これから見ていくのは問題を抱えた架空の技術系スタートアップの幹部たちです。この人たちの苦悩は様々ですが、すべての難題の根底には隠れた問題（信頼の欠如）があることを知る者はいません。

　2人の創業者は毎週金曜日になるとガントチャートをめぐって争っています。

　「フェイスブックとの統合は6週間以内に開始できます」

　「いや、3月上旬にずらす必要があります。ビデオのアップロードを先にやらないといけないので」

　「そうしたら、新しい認証システムはどうします？」

　こういうほんの数週間先のイベントも計画通りになったことはありません。それもそのはずで、誰かが病気になったり、重大なバグが発生したり、機能を作り直さなければならなかったりするからです。しかし、それでも2人は未来をコントロールできるかのように争っています。最近では、もっといいロードマップツールを導入したり見積もりトレーニングを受けたりすれば、もっと正確に予測ができるのではないかと考えています。

　技術責任者はもう限界です。何年もの間、複数の企業で経験を積んできたので、チームが納期に間に合わせるためには何が必要かを熟知しています。優れた仕様書、正確な見積もり、専門の品質保証部隊。そのことについては、幾度となく丁寧にわかりやすく説明してきましたが、一向に進展しません。開発者はしぶしぶ部分的に同意をしてくれたものの、財務部からは導入のための予算をもらえず、プロダクトマネージャーには真っ向から反対されました。自分こそがプロセス全体を統括する責任者であり、他のメンバーは自分の計画に従う必要があるのに、誰もそのことを理解していないようです。今は責任マトリックスを作成中で、各自の役割を示すことで最終的に全員が同じ方向に進むようになると考えています。

　プロダクトマネージャーはバグ発生率を下げようとしています。開発者たちはシステム全体がどのように統合されているのか理解していないようです。スプリントを重ねるほど、開発者に渡す仕様は詳細になっていっています。それでも不具合バックログは増え続けているため、最近は仕様書と一緒にテスト計画も書いているのですが目に見える効果はありません。昨夜は遅くまで、また別の複雑な機能の説明を書いてい

たときにデスクで眠ってしまい、巨大なバグの怪物が自分の製品を食べる夢を見ました。帰りの電車の中で「明日はホワイトボードに大きなマインドマップを描き、システムコンポーネントの相互関係を示すことにしよう」と決めました。そうすれば、変更の影響箇所とどこをテストすればいいかが誰にでも理解できるようになると考えたのです。

このチームメンバーが抱える問題は珍しくありません。ソフトウェアチームに少しでもいたことがある人なら、少なくとも 1 つは目にしたことがあるでしょう。そして、解決のためにやろうとしているのはアジャイルコーチ、スクラムカンファレンス、ソフトウェアベンダーが推奨するものと同じです。「プロセスを変えましょう、こっちのツールにしましょう、もっと情報を共有しましょう」 それを実行に移す方法を手取り足取り詳細に教えてくれる本やセミナーもあります。アジャイルマニフェストやスクラム原則を引き合いに出して、自分たちの提案に重みを持たせることもできます。実際、ここで紹介した解決策には何の問題もありません。ただ一つ問題があるとすれば、どれも間違いなく失敗するということです。

言い方を変えましょう。デリバリーをもっとスムーズにしてバグを減らすために、ここでの登場人物たちが自分でできることは何もないのです。認定証を壁にかけておけばかっこいいし、スプリントを短くすればリリースの頻度が増えるし、ふりかえりの時間を長くすれば、思いつくアクションは増えるでしょう。しかし、何を変えても一番大事な結果は変わりません。

実際に何が起こっているのかを知るために、登場人物それぞれの内なるモノローグ、つまり、それぞれが**自分自身に語っているストーリー**を検証してみましょう[†2]。

- **創業者**：「技術的な問題を理解することはできないかもしれないが、もっと速く進む方法はあるはずだ」
- **技術責任者**：「自分は何をすべきかわかっている。必要なのは他のみんなが私に従って明らかな道を進むことだ」
- **プロダクトマネージャー（PM）**：「開発者は製品全体を理解することができない。必要な情報は私が渡さなければ」

[†2]　もちろん、登場人物が架空の人物であるのをいいことに、心の内を皆さんにお伝えしているのです。現実には、他人がどのようなストーリーを描いているのかを理解するためには、やるべきことがもっとあります！ 具体的に何をすべきかは、本章でこの後扱っていきます。

- （影の薄い）**開発者**：「誰も私たちに何も教えてくれない。誰からも気にかけられていないのだ。ひたすらコーディングを続けないといけない」

　この（想像上の）テレパシーの力を使えば、今やろうとしている一方的な変更がうまくいかない理由が見えてきます。創業者は自分たちは技術を理解できないと思い込んでしまっています。そのようなあやふやな思い込みをピカピカの新しいロードマップソフトウェアに入れたところで、出てくる予測は使い物になりません。プロダクトマネージャーは技術責任者と違って役割の定義が問題だとは考えていません。機能を説明するという自分の役割は間違いなくはっきりしているので、技術責任者の責任マトリックスに興味がありません。また、開発者は自分たちが完全に取り残されていると信じ込んでいるので、プロダクトマネージャーがマインドマップを書いても「また何かが壁に張り出された」として無視してしまうでしょう。

　根本的な問題はこの対話に登場するチームメンバーの解釈（ストーリー）がまったく揃っていない点にあります。誰もが頭の中では、相手のことを考えて状況をとらえ、相手の行動について予測し、自ら解決策を組み立てています。しかし、誰の解釈（ストーリー）も一致していません。まるで、プトレマイオス、ニュートン、アインシュタインが、火星行きの宇宙船を作るために集まったようなものです！　どんなにプロセスを革新しても、どんなに優れたツールを使っても、ロケットは正しい目的地にたどり着けないでしょう[†3]。

　解釈（ストーリー）が揃った状態に私たちは名前をつけています。それが「信頼」です。「私はあなたを信頼する」と言うときに意味しているのは、相手の行動がそれまで期待通りであり、今回も期待通りになると信じている、ということです。私があなたを信頼しているとき、私はお互いに合意した解釈（ストーリー）に基づいてあなたの行動を予測し、自分は何をすべきかを考えられます。信頼しあっていれば、どうするかを一緒に考えて一緒に実行できますし、2人の共通の解釈（ストーリー）を他の人に説明することで、他の人を巻き込むこともできます。

　私たちは信頼を世間一般で言われているより強いものとして定義しています。辞書で「信頼」を引くと、「相手が嘘をつかず、頼ることができて、言ったことをやってくれると信じること」とあります。そのような信念は、確かにチームメンバーの間に

[†3]　訳注：プトレマイオスは天動説、ニュートンは万有引力の法則、アインシュタインは相対性理論をそれぞれ提唱しています。それぞれ異なる時代の異なる物理的世界観に従っているため、宇宙飛行に関する解釈（ストーリー）が揃わず共通の目的を達成できないということです。

強い信頼関係を築くのに役立ちますが、それだけでは十分ではありません。私があなたのことを真摯で頼れると信じていても、あなたの行動やモチベーションについて思い込みがあると、解釈（ストーリー）がかみ合わず、協力し合うことができないのです。

　逆に、解釈（ストーリー）が完全に一致していれば、努力を誤解されたり低く見積もられたりする心配は要りません。解釈（ストーリー）が一致していれば、創業者は優先順位付けの話し合いに開発者を巻き込むことができて、目標を現実的で達成可能なものにしておけます。技術責任者は、自分がすべてを知っているわけではないことを自覚し、チームメンバーと協力すれば構造やプロセスの改善がもっとスムーズに進むことがわかるでしょう。プロダクトマネージャーも、詳細な仕様書を書く代わりに開発者と対話ができますし、それで開発者のモチベーションも高まるでしょう。

　この後本章では信頼を築く対話を通じて、チームと解釈（ストーリー）を一致させるための具体的な方法を説明します。まずあなたが弱みを見せて、言動を一致させられるようにするところから始め、次にクリス・アーガリスの「推論のはしご」の使い方を紹介します。

　エンタープライズアジャイル／ DevOps のリーダーであり、コーチにしてマネージャーのブラッド・アップルトンによれば、「最初に構築すべきは信頼」なのです！[57]

信頼をめぐるネルのストーリー

　私の名前はネル。小さなオンライン小売業で CTO を務めている。CEO のイアンは私のことを信頼していないようで、いつも私を無視して勝手に物事を決めてしまう。最近のやりとりには本当に腹が立ったので、私は対話を診断することにした。まずは最初の R、すなわち記録（Record）からだ。

ネルとイアンの対話

まず右側を読み、それから戻って右から左へ読んでください。

ネルの考えや感情	ネルとイアンの発言
勘弁してくれ。厄介ごとを持ち込まないでほしい。	イアン「今の決済サービスにはうんざりしているんですよ。別のところに代えないといけません」
彼らはこの業界で一番だ。他に変えたら、もっとひどくなる。	ネル「なんでそんなことを？　まだ 3 カ月しか使っていませんよ。ちょっと問題があったけど、今はすべて順調ですよ」
正しいデータを渡しさえすれば、収入は頼んだ通りに正しく分類される。ゴミを入れるからゴミが出てくるんだ。	イアン「順調だって？　まさか。毎月毎月、請求書がめちゃくちゃになるんです。それを財務部が手作業で照合しています。今回もね」
会計士が基本的なマニュアルを読めないからといって、顧客や私のチーム全員を困らせるつもりはない。	ネル「ああ、前にも言ったけど、財務部のレポートの設定がおかしいんですよ。このサービスの決済はとても信頼性が高く、顧客からの苦情は大幅に減っています。製品のメタデータを正しく設定すれば…」
また地位を振りかざす！　全部自分で決めるなら、なぜ私を雇うんだ？	イアン「まったく話になりません。財務部はこの会社の生命線であり、困っているなら、サービスを替えなければいけません。それが最終的な結論です」
統合してからまだ 3 カ月しか経ってないのに、また入れ替えか。チームになんて説明しよう。	ネル「オーケー、どうしてもって言うならわかりました」

　イアンとの信頼関係はどん底だ。イアンは私のことを無能だと思っているようだし、私はイアンがマイクロマネジメントをしていて、財務部に屈服して社内政治をやっていると思っている。この状況からは抜け出せない気がする。イアンの支配的な行動からは逃れられないからだ。この辛い立場から抜け出せるように信頼関係を築きたいのだが、何から始めたらいいのかわからない。

3.2 　準備：弱みを見せよう

　信頼を築く対話をする際に解釈を揃えるためには、自分の解釈を共有するという非常に難しいことをしなければなりません。そのためには自分の感情や考えを誰かに打ち明ける必要があるのです。しかしそんなことをすれば、自分が傷つくリスクを負うことになります。「はじめに」でお伝えした、「慎重を要する心の機微に触れるような取り組み」の顕著な例です。

　信頼を築く対話をするにあたり、あらかじめ弱みを見せることをいとわない姿勢を確立しておくと良いでしょう。あなた自身も弱みを見せることに慣れておけますし、他の人たちにとっても、あなたは親しみやすい人に映り、自分の話も共有するよう誘われているように感じるでしょう。

　自分の解釈を守ろうとする自然な本能を克服するには「安全とは思えない」ことを口に出してみることです。例えば、「間抜け」に聞こえる質問をしたり、ある結論を導き出した方法について懸念を共有したりするのです。自分が何を知っていて何を知らないかを自己開示するとき、あなたは弱みを見せていることになります。自分が望んでいる合理的で知識ある姿には見えなくなってしまうからです。逆に、安心感を得ようとしたり弱みを隠そうとしたりすると（例えば、聞いたことのないことを知っているふりをするなど）、相手に偽の情報を与えることになり、あなたの解釈をさらに誤解させることになります。そして、もしそれがばれてしまえば、対話の相手に対して自分を正直に見せていないと示すことになります。そうなれば、あなたの解釈が実はズレていると証明することになり、あなたに対する信頼は低下します。

　『立て直す力 RISING STRONG：感情を自覚し、整理し、人生を変える 3 ステップ』（講談社、2017 年）の中で、ブレネー・ブラウンは脳内の理屈を共有する際に、「私が仕立てたストーリーによれば～」というフレーズを使っています [58]。いくつか試してみましょう。

　「私が仕立てたストーリーによれば、誰も掃除することに関心がないから、オフィスのキッチンはいつも臭い」

　「私が仕立てたストーリーによれば、ユーザーは最も安いオプションを要求するケチだ」

　「私が仕立てたストーリーによれば、このプロジェクトがつまらないから、あなたはこのプロジェクトに取り組んでいない」

　このフレーズを使うことによって、あなたは「学ぶ姿勢」を保てます。自分の思考の組み立てが基づく証拠は限られていて間違っている可能性があるということを、自分にも他人にもはっきりと伝えることを意味するからです。これは「目に見えるものがすべてである」という本能的な見方に対する有効な解毒剤です。この点については、ダニエル・カーネマンが『ファスト＆スロー：あなたの意思はどのように決まるか？』（早川書房、2014 年）[59] で述べています。この本を読めば、見えないものがたくさんあることを思い出せます。また、このフレーズを使うことで共感されやすくなります。聞き手は語り口に脅かされることなく、あなたの 解釈 がどこから来たのかを理解することができるからです。

　このような馴染みのないテクニックは最初はぎこちなく感じるかもしれません。しかし練習を重ねるうちに、自分の脳内の理屈を共有しながらそれに執着していないことも分かち合うという考え方が自然に感じられるようになります。この章の終わり近くにある対話例で、このような行動をいくつか具体的に見ることができます。

3.3　準備：言動を一致させよう

　弱みを見せるだけでは十分ではありません。自分の 解釈 を他の人と一致させたいのであれば、自分の言動が一致しているという証拠を相手に示さなければいけません。

　正反対の行動はどこでも見られ、大抵は無自覚な言動の不一致という形で現れます。熱心なダイエッターが最新のダイエット計画を語っているのにいつもハンバーガーを食べていたり、タクシー運転手が黄色信号を無視して車を割り込みながら相手のひどい運転に文句を言ったり、「私たちは従業員を尊重します」というポスターを貼り出しておきながらその真ん前で上司が部下を怒鳴りつけたり。

　自分はそんなことをしないと笑い飛ばす前に、自分の理念と行動について注意深く考えることをお勧めします。人間である以上、解釈 とふるまいが一致しなかったことは人生で何度かあったはずです。

　信頼を築く対話にうまく備えるということは、この人間の自然な傾向をできる限り克服し、言動が一致していることを証明するために自分の理念に従ってふるまうことです。どうしてもそれができないときは、自分の誤りを認め、今後はもっとうまく調整できるよう他の人に助けを求めましょう。

解釈に従って行動することだけでも容易ではありません。しかし、本当に自分の信念に従って行動しているときでも、自分の言動が一致していることを他人に納得させるためには、やるべきことはまだまだあるかもしれません。

　何年か前に知り合ったプログラマのビリーは、上司について頑固な持論を持っていました。曰く、「上司は自分を陥れようとしていて、達成不可能な課題や非現実的な締切を与えてくる。そして新たな取り組みがあるとすれば、それは間違いなく邪悪なマネージャーたちのずる賢い策略に違いないのだ」と。チームが最初のアジャイル計画セッションに集まったとき、ビリーはこの持論を披露しました。このセッションの本来の目的はプロジェクト候補に優先順位をつけ、最初のスプリントで実施する意味がありそうなものを選ぶことでした。機能候補のリストが 10 個ボードに上がるやいなや、チームが機能のどれかを最高レベルで見積もる前であったにもかかわらず、ビリーは「このミーティングで堪忍袋の緒が切れた。こんなところは辞めてやる」と叫びました。困惑したマネージャーはビリーを脇へ呼んで、どうしたのかと尋ねました。「あの 10 個のプロジェクトを 1 回のスプリントでこなせる人なんていないよ！」とビリーは叫びました。「私たちを死ぬまで働かせて、外注のロボットに置き換えるつもりなんだろう？」

　マネジメントに対する否定的な解釈はビリーの頭の中に深く刻み込まれており、マネージャーの説明を額面通り受け取ることができませんでした。プランニングセッションの開始時に、チームがスプリントで無理なくこなせるストーリーだけを選択するといわれていたにもかかわらずです。マネージャーがチームの要望に気を配ってくれていると信じられる証拠は他にもありました。プランニングセッションを開催したこと自体もそうですし、他のアジャイルプラクティスも導入していました。しかしビリーはそのことを自分の解釈と一致させることができなかったのです。

　ビリーと信頼を築く対話を行ったところ、ビリーは職場で何度もひどい目にあったせいで持論が凝り固まっていったことがわかりました。一例をあげれば、シニア・リーダーが日常的にカンバンボードからチームの見積もりを消し、自分の見積もりに書き換えていたのです（「この 10 ポイントのストーリーは金曜日までにできるに違いない」）。ビリーと信頼関係を築いて別の解釈を共有するためには、マネージャーがチームの要望を尊重すると主張し、実際にその通りにするということを何度も繰り返す必要があったのでした。

　私たちの経験によれば、信頼を築く対話において言動を一致させるための第一歩

は、小さくても目に見えることを確実に行うことです。必ずしも主要な問題に直接関係しなくても構いません。例えばビリーのプログラマチームは、技術者ではないスタッフからプリンターやインターネット接続の修理依頼が繰り返され、常にいら立ちを感じていました。ビリーのマネージャーはこのやり方をやめると宣言し、外注のITサービスがすぐに見つからなかったときは、自分で床を這いずり回ってケーブルを追いかけてルーターをリセットしました。こうすることでビリーと同僚に対して、マネージャーが約束したことは必ず守られるということが示され、言動が一致しているという確かな評判が立ち、他の面でも信頼を築くことにつながったのでした。

3.4　対話：人のためのテスト駆動開発

　ケント・ベックはテスト駆動開発（TDD、実行されるコードと同時にテストを書く手法）を行えば「安心感と深い理解」が得られると述べています [60]。この感覚こそ、信頼を築く対話の際に持っておきたいものであり、それを可能にするツールが「推論のはしご」です（**図3-1** 参照）[61]。この考え方はクリス・アーガリスたちにより提唱されました。

　このはしごが一連の流れを示している点に注目してください。データから意味が導き出され、そこから仮定、結論、信念につながり、最終的に行動が決定されます。信頼を築く対話のゴールは対話の相手と自分の解釈（ストーリー）を一致させることです。そしてこのはしごを見れば、お互いの解釈（ストーリー）をどのように一致させたら良いかがわかります。つまり、はしごの一番下の段から始めて、解釈（ストーリー）が一致するまで一段ずつ登るのです。

　もしお互いのはしごが目に見えたら話はもっと早かったでしょう。しかし、**図3-1**を見ればわかるように、外から見えるのは、一番下の段（観察）と一番上の段（行動）だけで、それ以外は目に見えません。そこで「人のためのテスト駆動開発」の出番です[†4]。アーガリス、パットナム、マクレーン・スミスはこう言います。

[†4]　訳注：テスト駆動開発では、実際のコードを書く前にまずテストを書いて、そのテスト失敗することを確認し（レッド）、次にプログラムを書いてテストが成功することを確認し（グリーン）、次に進む前に書いたプログラムを見直してきれいにする（リファクタリング）というサイクルで進みます。こうしたレッド／グリーン／リファクタリングというサイクルに従うことで、そこまでにテストを書いた部分は確実に動くことが保証され安心して進めることができます。人のためのテスト駆動開発も、同じように対話の相手との理解がズレていないかを一歩ずつ確認しながら進んでいきます。

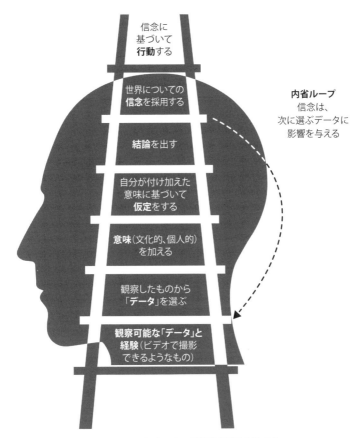

ピーター・センゲ『最強組織の法則』より

図3-1　推論のはしご

見る人によって捉え方に違いが生じる可能性は、推論のはしごの上に行くほど高くなることは明らかです。つまり、整理すると次のようになります。推論のはしごの一番低い段から始め、一つ上の段で一致しているかチェックし、一致した場合のみ次の段に進みましょう。このルールは行動科学者だけでなく、脅威となる重大な問題に日々対処する人なら誰にとっても意味があります [62]。

　テスト駆動開発でコードを書くときは、ゆっくりと確認をしながら一歩ずつ進みます。同様に推論のはしごを使うときにも小さな一歩を確実に登り、そのたびに自信を深めていきます。各ステップではその段の思考の組み立てについて相手に真摯な質問をし、必要に応じて自分の思考の組み立ても説明します（**真摯な質問**については、2章でより詳細に説明しています）。こうすることで、双方のはしごが一段ずつ明らかになり、両者がどこで食い違っているのか理解できます。テストが失敗したときは（つまり質問に対する答えに驚いたり理解できなかったりしたときには、一致していないことが明らかになります）、立ち止まって理解をリファクタリング[†5]し、テストをやり直します。最終的に自分の思い描くはしごと解釈（ストーリー）を相手としっかり一致させ、たとえまだ完全には同意していないとしても、少なくともお互いの動機を理解するようになります。その結果、将来に向けて実質的な信頼を築くことができるのです。

　具体例を見てみましょう。あなたのチームが顧客のために価格を設定・調整するシステムに取り組んでいるとします。最近加わったチームメンバーの一人であるヘレンが、価格設定のアルゴリズムが複雑すぎてメンテナンスできないと不満を漏らしていることに気づきました。他のメンバーは（あなたも）そのコードに不満を持っておらず、その認識相違が信頼関係にヒビを入れているのではないかとあなたは考えています。ヘレンの不満のせいで士気が下がっていますし、問題のコードを改善しようと提案してもヘレンは抵抗するのです。もしかしたらヘレンだけでなく他のメンバーも、サブシステム全体を書き直すまで価格の更新を拒否するのではないかとあなたは疑い始めていますが、今のところ自社にその余裕はありません。

1 段目：観察可能なデータ

　「ヘレン、あなたがスタンドアップで価格設定コードの設計は過剰だと言っているのを聞きました。私の理解は正しいでしょうか？」

　「はい、誰が見ても不可解です」

　ここで対話の基礎ができました。ヘレンは複雑なのが問題だと考えているのです。テストはグリーンになりました。次のステップに進みましょう。

---

†5　訳注：リファクタリングとは、ソフトウェアの外部の動作を変更することなく内部の構造を改善するプロセスです。

2 段目：データの選択

「なるほど。私にとってはどんな複雑なコードでも重要なのはそのアーキテクチャです。つまり、どのようにチャンクに分割されているかということですね。あなたが一番大事だと思うのもそこですか？」

「もちろんです。コメントや変数名は最悪ですが、時間をかけてリファクタリングすれば改善できます。でも、このように小さなクラスが乱立していては、新しく入ったメンバーが理解できるとは思えません」

あなたの思考の組み立てを聞いてヘレンは同意しました。再びグリーンです。（アーキテクチャが実際に客観的に複雑であることに同意する必要はありません。ヘレンがそう認識していることを受け止めればいいのです）

3 段目：意味

「わかりました。つまり、新しい価格をシステムに追加するのは難しいということですね。間違いありませんか？」

「もちろんです！ だから編集ページのデザインに配置換えをお願いしたんです」

お互いの解釈^(ストーリー)は引き続き一致しています。ヘレンはコードが複雑なせいで仕事の妨げになっていることに同意しています。テストはグリーン。先に進みましょう！

4 段目：仮定

「価格決定アルゴリズムはあなたには難しすぎるということですか？」

「もちろんです。でも私だけではありませんよ。ラモーナもさっぱり分からないと言っています」

新事実：コードが複雑だと考えているのはヘレンだけではありませんでした。しかし、このテストもグリーンです。どこに認識相違があるのか疑問に思い始めました。そもそも認識は相違しているのでしょうか。

5 段目：結論

「それでは、コードを書き換える時が来ていると思っているのでしょうか？」

「え？ いや、それは時間の無駄です。難しい機能はあなたがた専門家にお任せします。我々新人はユーザーインターフェイスをがんばって作りますよ」

レッド！ ここに認識相違がありました。あなたはヘレンがお金をかけてオーバーホールすることを要求していると思っていましたが、ヘレンの提案は経験豊富なチームメンバーだけが複雑なアルゴリズムを扱えばいいというものでした。リファクタリングの時間です！

5 段目：再び結論

「あなたの考えが理解できていませんでした。価格設定が複雑だから、あなたのような新規参画メンバーはそのコードに触れないという結論なんですね？」

「もちろんです。ずっとそう言っていました。安全に変更するには単純に経験が足りないんです」

ここでまたグリーンになりました。ヘレンの考え方が理解できました。ただ、その先にある行動に賛同できないだけです。新たな理解を得て、一段上に行きましょう。

6 段目：信念

「あなたは、新規参画メンバーには難しい仕事をさせないことが良いアイデアだと考えているようですね。私は違う信念を持っています。どんな機能にも触れるようになるまで、全員のスキルを上げるべきだと思っています。どう思いますか？」

「確かに、自分のできる範囲でがんばらないといけないと思っていました。でも余裕があるときならトレーニングのアイデアには賛同できます」

こうしてリアルタイムに認識が合いました。結論が一致したので、ヘレンは自分の信念を容易にあなたと一致させられるようになったのです。グリーン！

7 段目：行動

「いいですね！ 価格設定の専門家であるマリアの予定を押さえて、あなたとラモーナに 1 週間、価格設定のアルゴリズムについてトレーニングしてもらおうと思っています。それでどうでしょう？」

「もちろんです。その手があるとは思いませんでした。よろこんでやらせていただきたいです」

ヘレンが同意する行動にたどり着けました。解釈〔ストーリー〕が一致したおかげです。さらに良いことに、ヘレンはこの共有した解釈〔ストーリー〕を他の課題になるかもしれない

領域にも適用することができ、貢献できないと不平を言うのではなく、自分の
スキルを上げるためのトレーニングや支援を求めることができます。つまり、
私たちはヘレンとの信頼関係を築くことができたのです。

3.4.1　人のためのテスト駆動開発を採点する

　人のためのテスト駆動開発を念頭に置いて対話を採点するには、発言や質問に対応
する段のラベルをつけます。もし「データ」、「選択」、「意味」から始めて、対話が進む
につれて「仮定」、「結論」、「信念」へと上がっていくのであれば、順調に進んでいる
ことになります。しかし、ほとんどの時間を「はしご」の一番上で過ごしているので
あれば、話を進める前に、意識的に自分を下の段に戻す方法を考えてみてください。

　コラム「信頼をめぐるネルのストーリー」に戻り、人のためのテスト駆動開発を
使ってもっと正直に対話できるようになるかを見ていきましょう。

信頼をめぐるネルのストーリー（続き）

内省、改訂、ロールプレイ

　まず対話の基本的な採点から始めた。質問は1つ、真摯ではないものがあるだ
けだった。イアンの考えを変えさせるためだけにした質問で、一方的なモデルI
的アプローチであり、うまくいかなかった。左側にあって共有したのは1つか2
つだけだった。そして、途中で言った「ああ」という言葉は、私がいら立ちのあ
まり諦めていることを示す明白な無意識の仕草だった。

　次に人のためのテスト駆動開発の採点を行ったが、これはさらにひどいもの
だった。私はほとんどすべての時間を「結論」かそれより上の段に費やし、「デー
タ」や「意味」の段の話は自分の主張を補強するために2、3回行っただけだっ
た。私は間違いなく、自己開示も他者理解も重視していなかったのだ。

　最後に次から取る行動をいくつか決めた。はしごを登る前に、データ、意味、
仮定について自問自答するようにしようと思う。また、自分の思考の組み立てを
もっと共有すること、イライラし始めたらそれに気づくようにすることを意識し
たい。同じくイアンと衝突している友人の営業部長とロールプレイをして、はし
ごをゆっくり登る練習をした。

改善後の対話

　イアンは新しい決済サービスとしてブレイズを採用することを提案した。私がブレイズと仕事をするのは難しすぎると断ったにもかかわらず、イアンはブレイズのチームとのミーティングを予定していた。私はイアンが私の決断を信頼せず、またもやちゃぶ台返しをしようとしていることに腹を立てているが、私が診断で身につけたテクニックを試すことで、イアンの思考の組み立てを理解したいとも思っている。

ネルとイアンの対話（改訂後）

ネルの考えや感情	ネルとイアンの発言
まず事実をはっきりさせよう。はしごの一番下からだ。	ネル「水曜日にブレイズのチームが来るんですよね？」
時間の無駄だ！ ブレイズの資料はひどかった。待って、先を急ぎすぎてイライラしてきた。次の段に集中しよう。	イアン「そうですよ。実際にシステムを見てみようと思っています」
オーケー。イアンはブレイズたちを招待してしまったわけだ。それが自分にとってどういう意味を持つのかを共有しながら、イアンにとっての意味を探ろう。	ネル「ということは、まだ新しい業者の候補に残っているということですよね？」
少なくとも、イアンは私のレポートを読んでくれた。	イアン「そうでもありません。今のユーザーから、ブレイズチームのサポートが役立たないって聞いたんですよね？」
意味がわからない。何か企んでいるのか？	ネル「はい、でも本当に混乱してきました。私の意見を聞き入れるなら、なぜブレイズを呼んだのですか？」
業者を練習台にするなんて、初めて聞いた。そんなことができるのか？	イアン「まあ、次の候補を決めるために、しっかりとした業者選びをしたいので、ブレイズで練習できると思ったんですよ」
うーん、これは私が恐れていたこととは違う。イアンにとっての意味は私が想定していたものとは違った。	ネル「なるほど、お試しってことですね」

それは私のチームにとって間違いなく良いことだ。チームの中にはソフトウェアの選定をしたことがない者もいる。	イアン「その通り。他のベンダーは個別に来てくれたりしないから、電話で質問する前に、その場にいる人に質問してみる方がチームにとってやりやすいと思ったんです」
ブレイズはそれを聞いてどう思う？	ネル「なるほど。でも、ベンダーにとっては不公平な気がしますが」
	イアン「そうかもしれませんが、先方は訪問中に私たちの期待を上回って、私たちの意見を変えるチャンスがあります。まあ、そんなことはないと思いますけどね」
イアンの考えをはっきりさせたことで、私はすっきりしたよ！	ネル「まあ、ないでしょうね！」

おお、これで私の考え方は完全に変わった。推論のはしごを少し登り、意味の段に到達したところでそれに気づけた。これまで考えていた「イアンは私の話に耳を傾けず、自分のやりたいことをやっている」という解釈（ストーリー）に変わって「イアンは私の意見に耳を傾け、私のチームがベンダーを上手に選べるようになることを望んでいる」と信じられるようになってきた。

ここで共有した解釈（ストーリー）を確認し続ければ、私がこの先イアンを信頼し、パートナーマネジメントの問題に対する解決策を一緒に考えることはずっと簡単になるだろう。

3.5　信頼を築く対話の例

ではもう少し掘り下げて、信頼を築く対話が実際に使われている例をいくつか見てみましょう。

3.5.1　ウルスラと開発チーム：思考の組み立てについて説明する

　ウルスラはこう考えています。「このスタートアップの創始者である私は、新しいCTOを雇おうと仮に決めた。ただし、開発チームの面談結果はひどいものだった。自分の考えをチーム（アル、ベッツィー、カルロス）に説明し、気分を損ねたエンジニアからの厳しい質問に答えたい」

ウルスラと開発者の対話

ウルスラの考えや感情	ウルスラと開発者の発言
まずは全部さらけ出すのが一番。	ウルスラ「私はゼブを新しいCTOとして雇うことに決めました。ウケが悪いのは分かっているけど、なぜこの決断をしたのか説明させてください」
あいたた。アルは人付き合いが得意な方ではないが、今回のゼブに対する評価は正しいとしたら？	アル「何を言っているんですか。ゼブは私たちの主力製品がゴミで、作り直さなければならないと言ったんですよ」
真実から隠れることはできない。	ウルスラ「面談でのゼブの言い方がひどかったのは知っています。それでも、私がこの決断をした理由について耳を貸してもらえますか？」
思った通り、懐疑的だ。	ベッツィー「わかりました。でもいい話にしてくださいね」
目に見えるデータから始めよう。何か見落としは？	ウルスラ「よかった。私はゼブを非常に経験豊富で、自分の意見のある人だと思っています。その点について同じように考えていますか？ それとも違います？
ゼブの技術が認められてよかった。	カルロス「もちろん、ゼブは自分の専門についてよく知っていますよ」
このチームには専門家が必要だ。チームメンバーのほとんどが、自分たちの製品のようなものを以前に作ったことがない。	ウルスラ「私たちのような経験の浅いチームに、多くのことを教えてくれると思います」

素晴らしい質問だ。	ベッツィー「そうですね。でもあんな嫌味な人が、何かを教えるなんてできるんですか？」
私はゼブに言ってやり方を柔らかくしてもらえる自信があるが、チームメンバーは同じように自信を持ってくれるだろうか。	ウルスラ「私がゼブを個人的に指導すれば、人間関係を築いてうまく立ち回れるようになると思っています。みんなもそう思いますか？」
アルが反対するのも無理はない。ゼブからの批判の矢面に立たされたのだから。	アル「ウルスラ、あなたは素晴らしいコーチだけど、ゼブは話になりません。あなたがやっても変わらないと思いますよ」
ここで意見の相違に同意できるかな？	ウルスラ「あなたの意見は尊重します、アル。でも私は難しい人たちをたくさん指導してきたし、ゼブには学ぶ余地がかなりあると思っています。私にやらせてもらえないでしょうか？」
アルが私にチャンスを与えてくれてうれしい。	アル「うまくいかないと思いますが。まあ、いいと思います」
みんなはどうだろう。	ウルスラ「確かにうまくいかないかもしれませんね、アル。他のみんなはどうですか？私としては、個人的な指導をするならゼブを試してみる価値があると思うんですが、その結論なら同意しますか？ 試用期間を3カ月と長くとって、ゼブのパフォーマンスをみんなで見れるようにしましょう」
では先に進もう。	カルロス「もちろん」
	ベッツィー「喜んで」
思考の組み立てを共有したから、先に進めるね。	ウルスラ「よかった、ありがとう。ゼブが私たちに合うかは、すぐにわかると思っていますよ。数週間ごとに、みんながどう思っているかを聞きますね。それでいいですか？」

　ウルスラは自分の考えをチームに押し付け、ゼブの入社日を一方的に伝えることも簡単にできました。でもそうはせずに、ウルスラは自分の思考の組み立てを共有して

部分的にチームと自分の解釈（ストーリー）を一致させました。全員が同意したわけではなく、特にアルの期待はウルスラの考えとは相変わらず大きく異なっています。しかし、その違いは議論できるようになっていて、チームはウルスラがゼブのコーチングの進捗状況について責任を負うことをわかっています。

3.5.2　アイザックとエリン：フィードバックを聞いて驚く

　アイザックはこう考えています。「エリンは運用担当で、私は開発担当だ。私たちは運用チームが楽になることを目指した機能を作ることが多いので、よく話をする。エリンが自己研鑽のための『個人的なふりかえり』の一環としてフィードバックを求めてきたので思っていることを伝えたが、対話は思わぬ方向に進んだ」

アイザックとエリンの対話

アイザックの考えや感情	アイザックとエリンの発言
力になりたい。エリンには自分がどれほど気難しいかを知ってもらう必要がある。	エリン「フィードバックを手伝ってくれてありがとう、アイザック。私はどこを改善すべきでしょう？」
キツくならないようにしよう。実際、仲間たちはほとんど、これ以上詳しく聞こうともしない。	アイザック「そうですね、あなたが手助けすれば運用チームは、もっと詳細なバグレポートや機能要求を出せるようになると思いますよ。わかっていると思うけど、あなたは少し威圧的なので、開発チームの中には説明を求めるのを避ける人もいるんです」
おっと！なぜそんな強い反応を？フィードバックを求めたのは自分じゃないか。	エリン「威圧的？誰がそんなことを？」
エリンは評判通りだ。いいだろう、まずははしごの一番下にいよう。	アイザック「今、顔を真っ赤にして、大きな声で話していますよね。それは…」
少なくとも、このパターンを見ているのは私だけではないはずだ。	エリン「そりゃそうなりますよ！私は『怖い』と言われ続けているけど、とっつきやすく、フィードバックをもらえるように、四苦八苦しているんですから」

よし、邪推はやめて、エリンの反応の意味をはっきりさせよう。	アイザック「あなたにとって、とても大切なことみたいですね。あってますか？ 今どう感じているんですか？」
どうしてエリンは、相手を怖がらせていることに気づかないんだろう？	エリン「腹立たしいし、落ち込んでいます。この不当な評判を振り払えません。私が望んでいることとは正反対だし、目にしていることも正反対です。私が誰かを怖がらせた実例はありますか？」
この対話がいい例だ！	アイザック「そうですね、今、あなたの反応が少し怖いですよ」
うーん、実は他の例を思いつかないんだ。どういう意味？	エリン「そうですね、すみません。フィードバックを聞くのは本当につらい。でも、バグレポートのレビューを頼まれたときにはこんな風になりませんよ」
考えたこともなかったけど、実はエリンに直接聞いたことはなかった。「あの人邪魔」と言うのはいつもマリアだ。	アイザック「そうですね。考えてみれば、運用チームの中ではいつも、マリアが一番無愛想な反応をするんです」
もっともな質問だ。	エリン「じゃあ、どうして私が威圧的だと思うんですか？」
マリアはエリンに責任を押し付けている。	アイザック「マリアが『開発チームの支援に時間をかけるなとあなたに言われた』と言っているからかもしれません」
意外と役に立った。	エリン「問題を見つけたかもしれません。マリアと他の運用チームメンバーに対して指示がブレていたかも。一緒に考えてくれてありがとうございました」

　信頼を築く対話は、事前に計画してできるものではありません。今回の例では、アイザックは予期せぬタイミングでやることになりました。興奮したエリンに対して「また手伝おうとしているだけの人を非難するのか」などと反応するのは簡単でしたが、それでは推論のはしごの一番上まで飛ばしてしまうことになり、信頼関係を築くことはできなかったでしょう。その代わり、アイザックはなんとかして下の方の段（データ、選択、意味）に留まり、内省した結果、自分の認識やフィードバックが思っ

たほど正確でなかったことを発見しました。エリンとアイザックは現在、バグレポートに関するエピソードや、エリンの「フィードバックを受けたらすぐに対応したい」という願いを共有しています。そのおかげで、この先はより強い信頼のもとで一緒に働けるでしょう。

3.6　ケーススタディ：信頼があれば時間が節約できる

3.6.1　立ちはだかる壁

「私はただ、エンジニアに幸せになってほしいだけなんだ」ダッシュボード・ソフトウェアのメーカーであるゲッコーボードの創設者、ポール・ジョイスはこう言いました。「生産性や利益は後からついてくる。今はエンジニアが仕事を楽しんでいる姿を見たいだけなんだ」私（スクイレル）もうなずきながら、なぜエンジニアたちがこんなに落ち込んでいるのだろうと考えました。

　ゲッコーボードの技術チームはたった 10 人だけでしたが、たった 1 日現場にいただけで、何かがうまくいっていないことはすぐにわかりました。ボードゲームと Ruby の本で散らかった広い技術室では毎日 4 回スタンドアップが行われていましたが、お互いに報告することはほとんどなく、ふりかえりもぎこちなくて生産的ではありませんでした。会議は何時間も長引いていましたが、熱気もアウトプットもさほどありません。技術やプロセスをめぐる意見の対立は、あったとしても直接議論はされませんでした。進行中のプロジェクトはたくさんあり、ほぼ 1 人の開発者に 1 つのプロジェクトというありさまでした。皮肉なことに、自社開発のダッシュボードが技術室の壁に掲げられており、そこに表示されている大きなグラフを見ると売上が頑なに横ばいを続け、その年に月次目標を上回った月はひと月たりともないことがわかりました。

　このロンドンの狭いオフィスにはもう 1 部屋あり、別の部署が詰め込まれていたのですが、案の定、同様の倦怠感が蔓延していました。カスタマーサービスのメンバーは製品の優れた点を語ろうとしましたが、バグがいつ直るのかをユーザーに伝えることができませんでした。マーケティングとセールスは新機能を宣伝して顧客の興味を引きたかったのですが、声を大にして自慢できることは何もありませんでした。ポール自身も失望と孤独を感じており、組織のギアをファーストからセカンドに入れる方法を見つけられずにいました。実際、明るい気持ちにさせてくれる存在といえば

オフィス犬のミスター・ホワイトだけで、誰かが来ると吠えて知らせてくれたりおもちゃを追いかけて廊下を行ったり来たりしていました。

ミスター・ホワイトが走り回っているのを眺めているうち、私は奇妙なことに気づきました。ミスター・ホワイトが行き来していたのは2つの部屋を隔てるドアだったのですが、そこを通る人は**他に誰もいなかった**のです。そこで働く2つのグループは物理的だけでなく心理的にも壁で隔てられていたのでした。出勤した時もお互いに声をかけることはありませんでしたし、日中もほとんど言葉を交わしませんでした。ミスター・ホワイトと違ってそれぞれの部屋に閉じこもり、互いのテリトリーに足を踏み入れることはほとんどなかったのです。いったい何が起きてこのグループが断絶してしまったのでしょう？　なぜ協力できないのでしょうか？

3.6.2　デリバリーと開発

最初に手をつけたのは進捗を予測できるようにすることでした。スタンドアップを統合し、1つを残してすべてのプロジェクトを停止したのです。残ったのは人気のある製品との統合で、顧客が大喜びして今よりもお金を払ってくれる見込みがありました。このプロジェクトの成果を段階的にデリバリーすることによって、開発チームも活気づいてプロジェクトへの関心も高まり、生産性と共に士気も上がり始めました。天性のリーダー気質であったレオがチームの中で頭角を現し、障壁を取り除いて効率を上げ始めました。ゆっくりと慎重にではありましたが、開発者とプロダクトマネージャーの間には信頼が芽生え始めました。最初のコミットメントをするときには弱気にならざるを得ませんでしたが、やがて、約束を守って小さい機能をデリバリーすることで、互いへの信頼が高まっていきました。

それでもなお、例のドアを行き来する常連はミスター・ホワイトだけでした。エンジニアたちは私に、他部署についてのネガティブな解釈（ストーリー）を語ってくれました。曰く「誰もバグを直すことに関心がない」、「次にどんな営業活動を予定しているのか教えてくれない」、「ポールは従業員のことを気にかけていない」。そして当のポールは私に、孤立感や無力感、疎外感を感じていると話しました。開発者がデリバリーするものは増えていたにもかかわらず、です。もっとやるべきことがあるのは明らかでした。

まずは交流の機会を設けました。セールスのためにデモを行い、サポートスタッフをふりかえりに招待したのです。重要なのはポールをスタンドアップに参加させたこ

とでした。そこで、孤立感や財務指標が伸びないことへの不満を共有することで弱みを見せられたのです。さらに社員全員を対象に「人のためのテスト駆動開発」に関する簡単なセッションを行いました。このツールを通じて両者が解釈を共有し、信頼を高める助けになることを期待したのです。

3.6.3　信頼を築く対話

　決定的な突破口はレオとポールが「信頼を築く対話」をすることになったときに訪れました。レオと私は準備のためにロールプレイをしたのですが、レオは何よりもまず、ポールを信頼できなくさせている最大の要因について尋ねたいと考えていました。主要な社員が2人、傍目には突然退職したことについてです。「いつ解雇することにしたのですか?」、「2人の何がいけなかったのですか?」、「2人の退社はあなたにとってどんな意味がありましたか?」と言った質問をすることで、レオはポールが2人を早急かつ軽率に解雇したという自分の解釈を共有することができました。そして、ポールが苦渋の決断を下す前には幾晩も眠れぬ夜を過ごし、レオが考えていたよりもはるかに、見えないところで交渉と話し合いをしていたのだというポールのストーリーを理解することができました。

　対話が終わるころには、レオはポールの行動が以前考えていたよりもずっと思いやりがあって思慮に溢れているのだと思い始めていました。そしてポールは、チームの何人かが自分のことを「早とちり」でいつでも気まぐれに解雇する人間だと考えていて、自分がチームを鼓舞して導こうとしても突っぱねて離れていってしまった理由がようやくわかったのでした。

3.6.4　信頼が壁を壊す

　レオとポールが信頼を築く対話をしたことが組織全体の人間関係を改善させてパフォーマンスを向上させるターニングポイントになったと言っても過言ではありません。レオのサポートにより、ポールは開発者とより親密に関われるようになりました。さらに「非技術者」の部屋に引きこもっていた他の人たちもデモやデザイン・セッションに参加させ、きちんと交流できるように促せたのです。また、エンジニアは（1人でも仲間と一緒でも）、ポールに以前の意思決定について質問できるようになり、ポールや他の部門の人々が気まぐれに行動しているのではないと信じられるようになりました。やがて、壁の「あちらとこちら」の協力関係が深まったことで、製品

に関するより良い決定がなされて顧客満足度も向上しました。

　それから4年経った今日、レオはエンジニアリング部門のディレクターとなり、ポールと緊密に連携してお互いに信頼関係を築いています。社員は推論のはしごを定期的に使用し、開発者と非技術者はいつも協業しています。一部のサポートスタッフはコーディングを学び、独自に開発チームを結成したほどです。顧客エンゲージメントは向上して収益は伸びています。

　そうそう、昨年ゲッコーボードは新しいオフィスに移転しました。そこにはもう壁はありません。

3.7　結論：信頼を築く対話を実際にやってみる

　本章では、解釈の重要性、弱みを見せて言動を一致させることで自分の解釈を変える意思と能力があることを相手に示す方法、そして信頼を築くために自分と相手の解釈を一致させる「人のためのテスト駆動開発」のテクニックについて学びました。解釈を一致させることで、自己開示と他者理解を安心して行えるようになります。これは対話の変革に欠かせません。信頼を築く対話は次にあげるように様々な方法で使うことができます。

- **エグゼクティブリーダー**は従業員と信頼関係を築き、マイクロマネジメントや継続的な監視をすることなく、組織文化の変革が正しい方向に向かっていることをすべての関係者に確信させることができます。
- **チームリーダー**は自分の解釈をチームと一致させることで、非生産的な内輪もめや口論を排除し、代わりにスプリントゴールや製品目標を達成するために協力しあうことができます。
- **メンバー**はより効果的な協業のために仲間との信頼関係を深めることができ、コードレビュー、見積もり、ペアリングセッションのような協力的な活動を通じてより助け合えます。

4章
不安を乗り越える対話

　私たち著者はどちらも、アジャイル（またはリーンやDevOps）チームが不安を抱えたまま成功したところを見たことがありません。不安は変革の最大の阻害要因の一つなのです。組織の不安の対象は多岐に及ぶでしょう。エラーや失敗、間違った製品を作ってしまうこと、上司を失望させてしまうこと、リーダーシップの欠如を露呈すること、その他多くの災難などです。対象が何であれ、不安があるとチームは麻痺し、創造力を働かせて協力しあうことができなくなるのです。不安の強い従順なチームは考えることを求められないテイラー主義的な工場に適しています。しかし、工場を飛び出して協力的でパフォーマンスの高い組織文化を機能させるためには、前章で論じた信頼だけではなく本章で扱う**心理的安全性**も必要なのです。

　今から紹介していく手法に従えば、あなたは自分自身の不安を明らかにしたうえで他の人の不安も突き止めて理解し、不安を乗り越える対話をリードしてあらゆる不安を軽減できるようになります。これらのテクニックはどんな人にも役に立ちます。部門横断的な試みをしようとしてもことごとく抵抗されてしまうCTO、チームに新しいメッセージングパターンを試す勇気を持たせたいと切望しているシステムアーキテクト、新しいユーザージャーニーを提案したいけれど不評を買いそうだと恐れているデザイナーなど。この章では、あなたやチームの不安に対して**自己開示**し、それを軽減する方法に**関心を持つ**ことについて学びます。

　これらのテクニックをマスターすると、次のことができるようになります。

- チーム内で、安全ではないが「ここではこうする」と受け入れられている決まりごとや習慣を見定めます。このような**逸脱の常態化**は隠れた不安があること

を示すシグナルであり、見つけ出して対処しなければなりません。

- **辻褄合わせからの脱却**を使うことで結論に飛びつく自然で楽な傾向を克服します。辻褄合わせの解釈_{（ストーリー）}を疑わずに受け入れてしまうと、目にする物事に対して別の見方ができなくなります。チームが影響を受けている不安に対しても柔軟に考えることができません。

- 前述の2つのテクニックを使って一緒に**不安チャート**を作り、検討すべき不安の候補をあげます。それにとどまらず、これらの不安を効果的に軽減します。

4.1　不安：基本的な感情

　農耕以前の祖先であるオグとウグの2人を想像してください。彼らの部族は茂みから植物をむしったり獲物を石で倒したりして生活していました。ある日、2人は一緒にウサギ狩りに出かけましたが、森の中で視界が開けたところで、狩人たちは凍りつきました。背の高い草の動きから、ウサギよりもはるかに大きな生き物が向かってきているのがわかったのです。巨大な足が土を踏み締めて歩く音がかすかに聞こえ、次第に大きくなってきました。

　オグは考えました。「あの大きな動物は何だろう？　もしかしたら鹿だろうか？　それなら、部族みんなで食べられる！」　好奇心旺盛なオグは岩を高く振りかざして、果敢に未知の獣に向かっていきました。

　ウグは考えました。「これはまずい。大きな動物だ。きっと腹を空かせた熊だ！　逃げないと！」　恐怖とパニックに陥ったウグは近くの木によじ登りました。

　この話の結末はご自身で考えてください。重要なのは、**私たちはみんなウグの子孫だ**ということです。まだ知らない新しいデータに直面したとき、自然と好奇心を持つなら森の中で長生きはできません。逆に不安を感じるのが基本なら、生き延びて多くの子供を持ち、本能的な不安を子供に伝えられるでしょう。

　ただし現代社会においては、鹿（学習の機会）が熊（試みが取り返しのつかない失敗に終わる）よりもはるかに多いために、ウグの遺産がまったく適していないのです。あなたのチームは顧客が新バージョンに反対したりマーケティング部門から予期せぬ要求を受けたりした場合には、木登りウグの子孫として対応してリリースを遅らせたり新機能の要求を拒否したりしてしまうでしょう。勇気あるオグのような人は身の回りにほとんどいません。ソフトウェアをリリースしたり、ストーリーをスプリン

トに差し込んだりする方法を本能的に見つけられる人はほとんどいないのです。その
せいで私たちは右往左往して学ぶ機会を失い、「なぜうちのチームは思うように改善
を積み重ねられないのだろう」と不思議がるのです。

　エイミー・エドモンドソンの『チームが機能するとはどういうことか：「学習力」と
「実行力」を高める実践アプローチ』（英治出版、2014 年）の中で、エドモンドソン
はオグの状態を「心理的安全性」と呼んでいます [63]。例えば、看護師グループ同士
を比較したとき、業務遂行上のミスの報告のないグループが最もパフォーマンスが良
いと思うかもしれませんが、実際はまったく逆です。ミスを報告するほど学習の機会
が得られ、そのおかげでよりよい結果を出せるのです [64]。ケント・ベックも『エク
ストリームプログラミング』（オーム社、2015 年）の中で、アジャイルチームが「勇
気を重んじること」を提唱しています。勇気を出して、定期的にリファクタリングし
たり頻繁にフィードバックを受けることを勧めるのです [65]。また、1 章で示した通
り、オールスパウとハモンドは、DevOps の実践者に対して、「失敗は起こるものだ」
と恐れずに受け入れるよう促しています [66]。

　不安を乗り越える対話を行うことによって不安を明らかにし、それを和らげる行為
を高く評価することによって、チームに心理的安全性と協調性を生み出せるようにし
ます。慎重を要する心の機微に触れるような取り組みとは、自分と相手の不安を共有
し（正直になって弱みを見せなければいけません）、お互いが恐れているリスクを軽
減するための情報を明らかにすることなのです[†1]。

　私たちが一緒に仕事をしたあるチームは、何年も放置されてきたコードの重圧に耐
えかねていました。よくわからない大事な機能を実行する不可解なモジュールがあ
り、機能は手作業でテストすることも不可能なほど絡み合っていてユニットテストを
実行することなど到底無理でした（そもそもユニットテストコードがありません）。
さらに「このボタンは押さないでください」と書かれたボタンまでありました。ある
開発者が、あるウェブページが何のためのものなのかを確認しようと何の気なく開い
たところ、目に見えないスクリプトが実行されてサイトに掲載された商品の多くの価
格が 1/1000 になってしまいました。

　当然のことながら、こんな環境下ではチームは内なるウグを解放します。そして、

---

†1　当然ながら、「不安を乗り越える対話」を成功させるための前提条件は信頼関係です。信頼関係がなければ、
　　チームで不安について話し合おうとはしないでしょう。もしあなたのチームが、解釈を一致させて信頼を
　　築けていないのであれば、前章を参照してください。

どんなに小さな変更でも大惨事を引き起こすかもしれないという不安でグループ全体が麻痺してしまいました。バグを起こして恥をかくことを恐れたせいで、コードをコミットしてリリースすることを拒否し、デリバリーを少しずつ頻繁に行うのではなく、どんどんまとめるようになっていきました。「事前に許可を得るのではなく、やってダメなら謝ればいい」と繰り返し呼びかけても耳を貸す人はおらず、状況はほとんど改善されませんでした。

　不安を乗り越える対話を行った結果、開発者は自分の行動が悪い結果を招いたら、怒られるかクビになると考えていることが明らかになりました。そう考えてしまうのには理由もあって、以前経営者が失敗した個人やチームを罰したことがあったのです。一方で、この組織が実はリスクに対して寛容であることも明らかになりました。コストを考えれば、結果が間違っていたりダウンタイムが発生したりする方が改修が遅れるよりもマシだったのです[†2]。

　不安を乗り越える対話を通じて関係者全員がそれぞれの不安を明らかにした後、私たちはリスク軽減策を編み出すための創造的な作業に取りかかることができました。まずは開発者の席をカスタマーサービスチームの近くに移しました。プログラマは常にサイトの問題を最初に耳にするチームの近くに座り、隣のデスクから聞こえてくる問題に耳を傾けておくことに同意したのです。そして大きな赤いボタンを用意し、それを押すと最新リリースが即座に切り戻されるようにしました。最後に、ホワイトボードに大きな文字で「YES」と書き、リリースすべきかどうかを尋ねられたら黙ってそれを指さすようにしたのです。その結果、コールセンターから「サイトがダウンしました！」という声が聞こえた数秒後には、エンジニアリングサイドから「復旧しました！」と聞こえるのが当たり前になりました。喜んで大きな赤いリセットボタンを押せるようになったからです。

　リリースは日課となり、やがて1日に何度も行われるようになりました。社内外の顧客は私たちが解き放った急速な進歩に大喜びしました。不安を乗り越える対話を通じて心理的安全性を高めることで、様々なチームが劇的に業績を向上させることができたのです。

　次に、不安を乗り越える対話に備える方法を見ていきます。「逸脱の常態化」を見

[†2]　この1000倍もの値下げについては、いったん訂正してしまえば、実はマーケティング部門は大喜びしたのです。技術的ミスによって実現した驚きの価格についてユーモラスなプレスリリースを即座に発表し、その結果サイトを見る人が増えたと大満足だったのでした。

つけ出し、不安を乗り越える対話を導く枠組みを作るのです。

不安をめぐるタラのストーリー

　私の名前はタラ。小さなスタートアップの2人の創業者のうちの1人だ。我が社は営業チーム向けにフィードバックトラッキング製品を提供している。共同創業者でありテクノロジーチームの責任者でもあるマットとは毎週企画会議をしているのだが、それが嫌でたまらない。私は顧客を失望させるのではないかと不安に思い、自分たちが顧客が期待するような完全で機能的な製品を作れていないことに腹を立てている。プランニングをしてもその不安を再確認するだけだ。顧客が必要とするものを作れないことについて、マットは言い訳に次ぐ言い訳をするだけだからだ。

　前回のプランニングセッションでは、あまりに動揺して体調を崩してしまった。対話を診断することによってこの状況を打開する糸口が見つかることを期待している。まずは、自分たちの発言を記録することから始めよう。

タラとマットの対話

まず右側を読み、それから戻って右から左へ読んでください。

タラの考えや感情	タラとマットの発言
大惨事だ！	マット「このスプリントには、新しいレポートのソートやフィルタリングは入りませんよ」
この機能は作らないと。ユーザーが欲しがっているんだから。	タラ「え？ みんなに使ってほしくないんですか？ ユーザーリサーチでは少なくともソートができることを期待しているということがはっきりわかっていますよ」
それは、マットがやり遂げるつもりがないってことだろう。	マット「もちろん使ってほしいです。でも、できることは時間とスキルによって限られています。金曜日までにできると見積もったのは静的なレポートなんです」

本当に起こっているのは、マットが十分にプッシュしていないということだ。	タラ「どうして？ チームはもっと頑張れないんですか？ やる気が足りないのではないでしょうか？」
ナンセンスだ。エンジニアが怠けていて、マットがそれを助長しているんだ。	マット「そういう問題じゃありませんよ、タラ。根を詰めたって生産性が落ちるだけです。凡ミスも出るし、スピードも遅くなる。見積もりは受け入れるしかありません」
開発者たちが怠け癖を直せないのなら、外部の誰かがやり方を教えてあげればいい。	タラ「オーケー、じゃあ、業者を雇うべきですね。そうすればレポート機能は完成しますか？」
マットは私が提案することを全部否定する。明らかに、無理と決めてかかっている。	マット「いいや。前の業者を覚えていますか？ あの人は開発のスピードに追いつくのに何週間もかかりました。新しく人を増やしても、スピードアップどころか、このスプリントを遅らせることにしかなりません」
私はこの機能を宣伝するためにブログ記事とウェビナーを用意していた。新しい売り込み口がどうしても必要なのに、すべて延期しなければならない。もうがっかりだ。	タラ「仕方ありません。新しいレポートの宣伝はまだ始められませんね」

　この対話の後、私は吐き気と動悸に襲われて心臓発作を起こしたのではないかと思うほど気分が悪くなった。なぜマットは顧客からの明確なフィードバックを無視し続け、エンジニアにさらなる努力を求めようとしないのだろう？ マットは私と同じようにこのビジネスを気にかけていると思っていたが、本当にそう信じていいのかわからなくなってきた。これらの機能を完成させる方法を見つけなければ、目標を達成できずに倒産してしまう。それが恐ろしくてたまらない。

4.2　準備：逸脱の常態化

　不安を乗り越える対話の目的は、隠された不安を発見して議論の俎上にのせること
です。しかし、そもそも不安はどのようにして隠されてしまうのでしょうか?

　その答えの一端を知るため、コロンビア大学の何の変哲もない待合室を見てみま
しょう。そこでは、研究者のビブ・ラタネとジョン・ダーリーが心理学実験の一環と
して、学生たちにアンケートに答えるよう指示しました。数分後、壁の通気口から煙
が部屋に流れ込んできました。全員がアンケートの回答を続け、何か言う人は誰もい
ません。さらに煙が立ち込め、視界が悪くなりはじめました。それでも何も起こりま
せんでした。誰も助けを呼ぼうとしなかったし、何が起こっているのか尋ねようとも
しませんでした。やがて、煙のせいで咳き込んで涙が出てきて、参加者の一人が窓を
開けましたが、生徒たちは頑なにアンケートの回答を続け、この危機的状況がどうな
るのか話し合うことも、助けを求めることもありませんでした。結局、主催者が部屋
に入って実験を打ち切ることにしたのでした[67]。

　この現象は**傍観者効果**として知られています。**多元的無知**と呼ばれることもあり、
私たちはこちらを好んで使います。ある出来事や目にしたものに対して不快感を抱い
ているにもかかわらず、他の人が行動しないため、他の人は皆その状況を正常で安全
なものだと考えていると (誤って) 思い込んでしまい、自分から行動しないのです[†3]。

　その場の誰かまたは全員が同じ不安を感じていても、一見他の人が気にしてなさそ
うに見えると、その不安を口に出すことは憚られてしまうのです。言い換えれば、**そ
のグループの中で「煙が出ている」と最初に言うくらいなら、火事で死ぬ方がマシ
だ**ということです。それくらい、多元的無知は強いのです。

　煙の実験を見ると、不安を覚える出来事が一回だけ起きた時に、人はどのように
反応するかがわかりますが、不安を誘発する出来事が繰り返し起こり、それに対し
て何の行動も起こさなかったらどうなるでしょうか? 『The Challenger Launch
Decision: Risky Technology, Culture, and Deviance at Nasa』の中でダイアン・
ボーガンは 1986 年に起きたスペースシャトルの爆発事故について調査していま
す[68]。また、ロジャーズ委員会報告書の付録の中でリチャード・ファインマンは、

---

†3　集団でいることによる影響は、ラタネとダーリーが試した別の煙の実験で明らかになっています。同じよ
　　うに煙が換気口から入ってくる同じ部屋で、生徒に一人で待つように頼むと、助けを呼ぼうと素早く行動
　　するのです。

冷え込んだ日のスペースシャトルの打ち上げ中に観察された問題に対する NASA の対応を個別に分析しています [69]。いずれのケースでも、ヴォーンが**逸脱の常態化**と呼ぶ現象が見られました。シャトルはこれまで何度も、気温が低くても問題なく打ち上げられていたため、NASA はそのようなフライトでブースター部品にヒビが入っていても問題ないと結論づけたのです。本来 O リングには一切亀裂が生じないようにすべきでしたが、ヒビが小さかったため、亀裂があってもたいして危険ではないと考えた技術者がいたのでした。中には「次に入る亀裂も今回と同じくらい小さいと信じられる根拠は何だ？」と懸念する技術者もいましたが、飛行を中止させるほど大きな声を上げることはありませんでした。

実際、NASA のマネージャーはシャトル打ち上げの安全性を強く信じており、1986年 1 月 28 日のチャレンジャー打ち上げに民間人教師を乗せるのは名前の通りの名案だと判断しました。そして、発射塔につららができていたその朝、技術者たちが恐れていた通りにブースターは爆発し、乗組員全員が死亡したのでした。

不安定なテスト（うまくいったりいかなかったりするテスト）という現象がソフトウェア開発チームで起きるとどうなるかを見ると、逸脱の常態化がチームに与える影響がわかります。もっとも、シャトルほどの悲惨な結末にはなりませんが。開発者はテストスイートを自動化し、コードを変更するたびにテストを実行します。そこで、ほぼすべてのケースが成功する一方で、一見不規則に失敗するパターンを目にします。そのときにテストに誤りがある（テスト中に予期せぬ異常がおきたせいで「不安定」になる）と結論づけるのは自然なことです。そして、失敗したらもう一回実行すればよいとしてしまいます。何度か試して成功すればリリースできる、と。私たちの多くがよく知っているように、これは本番障害につながります。そして、不安定だったテストが実際には断続的な障害を警告していたことが明らかになるのです。

O リングの亀裂と不安定なテストのいずれのケースでも、皆が信奉しているルールはあります。「機器が壊れていたら飛行しない」、「テストが失敗していたらリリースしない」などです。しかし、このルールから逸脱した経験（「リングが割れていても安全に飛ぶ」、「断続的な失敗があってもリリースする」）を繰り返すことで、新しい**実践ルール**が採用され、組織は自らの警報システムを無視するようになります。多元的無知のせいで新しいルールが危険だと不安を表明することが抑圧され、すべては悲惨な結果へと向かっていくのです。

表4-1　逸脱の常態化の例

症状	建前ルール	実践ルール
本番での明らかなバグ	テストが常に通る	テストは時々失敗する
システムアラートが毎時発生	アラートの原因を速やかに消去する	既知の無害なアラートは無視する
スプリント終了日の延長	スプリントを期限内にきれいに終わらせる	もっと詰め込むためにスプリントを長くする
長いスタンドアップ	スタンドアップはテキパキとスピーディーに	時間をかけて進捗報告
コード品質が低い	頻繁にリファクタリングする	リファクタリングを省略することがよくある
バグが多い	完全なテストカバレッジ	テストはオプション
最小限のイテレーション	頻繁なリリース	確実な場合のみリリース
管理者が多すぎる	必要なところだけに権限を与える	リクエストに応じて管理者権限を付与
改善活動が行われていない	ふりかえりを効果的に使う	忙しすぎてアクションを実行できない
ユーザーが混乱し、フラストレーションを感じている	顧客/ユーザーを設計に参加させる	ユーザーリサーチを省略する

　不安を乗り越える対話を活用すれば、チームに潜む不安を明らかにして逸脱の常態化を心理的安全性に置き換え、誤りに素早く気づいて修正できるようになります。その準備をするためにあなたの組織にある危険な逸脱したルールの例を探してください。手始めに、**表4-1**にはよく見るいくつかの症状とそこで違反されたルール、実際に従われている実践ルールを列挙しています。

　表からわかるように、この種の逸脱はソフトウェア、アジャイルプロセス、製品設計、経営陣など、どこにでも現れる可能性があります。逸脱を発見することは簡単そうに見えますが実際はそうではありません。定義上、常態化した逸脱とは、あなたを含むチーム全体が決まりごとから逸脱していることを気に留めていない可能性が高いということだからです。

　チーム外の同僚や友人に頼んで、何か逸脱していないか一緒に探してもらいましょう。外部の視点はチーム内からは見えない問題を見極めるのに役立つからです。も

し、あなたのチームが機能停止、深刻なバグ、その他の重大な障害を経験したら、その出来事を一緒に分析してルールに違反している例を探してください。問題が起きる前にどのような逸脱があったかを振り返り、今後チームが逸脱してしまわないために何をしたらいいかを見極めましょう。

4.3 準備：辻褄合わせからの脱却

　信頼を築く対話は未知の領域への探検です。最初は知る術のない相手の解釈(ストーリー)を理解し、お互いの解釈(ストーリー)を一致させようとするのです。これとは対照的に、不安を乗り越える対話はやることがよりはっきりしています。前節を読んでいれば、逸脱の常態化がどこにあるのかはある程度わかっているでしょう。そのうえで、その常態化の根底にある不安を探すことになります。ここで危険なのは、不安を乗り越える対話を演出しすぎて、自分目線の不安と原因だけに焦点を絞ってしまうことです。

　本節では他者理解を目指す姿勢を解き放って思い込みを克服するために私たちが編み出したテクニック、**辻褄合わせからの脱却**を紹介します。さらにこのテクニックを前節の常態化した逸脱の例に当てはめると、不安を乗り越える対話の際で作成する「不安チャート」のいいとっかかりになります。

4.3.1 手首に目をやる

　辻褄合わせからの脱却を実際にやってみるために、自分が大きな提案をしているところを想像してみてください。何が何でも相手に売り込みたいのです。話している最中、大事な相手（あなたが最も説得したいと思っている人）が手首をチラッと見ているのに気づいたとします。あなたはどうしますか？ そして、なぜそうするのでしょうか？

　読み進める前に、1分ほどかけて自分が取りそうな行動とその理由を簡単にリストアップしてください。これらの行動について考えるのに時間をかけすぎないことがとても大事です（なぜかはすぐに説明します）。まずは頭に浮かぶことを書き出してください。

　できましたか？ 答えはほぼ間違いなく次のような感じでしょう。

- スピードを上げる。クライアントには次の予定があるから。

- 内容に興味を持てるか聞いてみる。クライアントは退屈しているに違いないから。
- 間を端折って一番伝えたいスライドを見せる。クライアントは論理展開に疑問を抱いているに違いないから。

もし回答がこれらに近かったら、お気の毒ですが、あなたの「システム 1」は完璧に機能しています。そして、あなたの想像は裏切られる可能性が高いのです。

4.3.2　システム 1 とシステム 2

　手首に目をやるシナリオを紹介したのは、ダニエル・カーネマンが著書『ファスト＆スロー：あなたの意思はどのように決まるか？』（早川書房、2014 年）の中で述べている、意思決定のためのヒューリスティクス[†4]を体験してもらうためでした。カーネマンは私たちの意識を 2 つのシステムで構成されるものとしてモデル化しています。素早く自動的で無意識的なシステム 1 と遅く計画的で努力が必要なシステム 2 の 2 つです[70]。システム 1 が速い理由の一端は思考を様々な形でショートカットしていることにあります。手首に目をやる例ではどれを見ても、そうしたショートカットのうち 2 つが登場しています。一つめは主観的には整合性のある解釈が正しいに違いないと思い込んでしまうこと。もう一つは事実をすぐに思いつくものに限定することです。カーネマンは 2 つめのショートカットを「WYSIATI」、つまり「目に見えるものがすべてである」と呼んでいます[71]。

　私たちは無意識のうちに、チラッと見る行為が意味するものについて主観的に整合性のある解釈を構築します。この解釈は行為の意味についての思いつきに基づいています（WYSIATI）。主観的には整合性があるので、この解釈には真実味があります。そして「もっと速く話そう」といった、自分の解釈に対応した行動を考え出すのです。手首に目をやるシナリオから学べる重要な教訓は「WYSIATI と辻褄合わせのせいで、もっともらしいと感じる解釈を真実だと勘違いしてしまい、その場面に正しく対応しているように感じてしまう」ということです。しかし、多くの場合それは間違いです。しかも、破滅的なほど危険な間違い方をしています。実際、手首の話に関する記述を振り返ってみてください。「相手が手首をチラッと見た」と書きまし

---

†4　訳注：ヒューリスティクスとは、情報処理理論や認知心理学で使われる用語で、完全な情報や無限の時間がない状況下で、効率的に意思決定を行うためのシンプルな規則や方法のことです。

たが、腕時計について何も言っていません。それなのに、間違いなく腕時計があると思い込んでいたはずです。

　だからこそ、辻褄合わせからの脱却が必要なのです。

4.3.3　システム 1 の解釈（ストーリー）を打破する

　手首に目をやるシナリオに戻って、他にどんな意味があるか考えられる可能性を**全部**挙げてみましょう。神経質な癖、スマートウォッチの通知、手の湿疹など、まだまだ他にもあるでしょう。考える時間を増やすことでシステム 2 を活性化させ、あり得る理由をいくつも挙げられます。これが辻褄合わせからの脱却です。

　頭を柔らかくして荒唐無稽な説明も考えておくことが、特に役に立つようです。今回なら「彼女は世界征服の計画を手に書いていて、チラチラ見るのは秘密結社のメンバーへの隠された合図だ」といった説明が一例になります。実際、辻褄合わせからの脱却をする時にはこのようなまったくあり得ない説明から始めることをお勧めします。このような説明をすれば自然と楽しくなれるからです。システム 1 に囚われていると不安に基づいて危険な辻褄合わせの解釈（ストーリー）を考えてしまうものですが、そのときに感じる闘争・逃走反応は笑いと相容れないのです。

　辻褄合わせからの脱却の鍵は選択肢がたくさんあることではなく、選択肢が互いに矛盾していることです。説明が食い違っていることに気づけば、もはや元の主観的な解釈（ストーリー）に囚われることはありません。このような選択肢は最初からあるのですが、そこに意識を向けるためにはシステム 2、すなわち集中力と努力が必要な思考過程をたどる必要があります。すっきり説明がつくと感じてしまっている場合は意識しないとできませんが、「不安を乗り越える対話」を成功させるためには不可欠なのです。

4.3.4　辻褄合わせからの脱却をやってみる

　辻褄合わせからの脱却は慎重を要する対話に臨む準備に使えます。特に、相手の考えや感じ方について思い込みをしていると感じたときに有効です（あなたもきっと私たちのように、いつもこういう思い込みをしているでしょう！）。**表4-2** に実際の状況における辻褄合わせからの脱却の例をいくつか示しました。

　不安を乗り越える対話の準備をする際に辻褄合わせからの脱却を行えば、これまで以上に他者理解を目指してオープンな態度で話し合いに臨むことができますし、そうすれば、想像もしなかったような不安を見つけて軽減することができます。まずは準

備しましょう。前節の常態化した逸脱の根底にどのような不安があるか、思いつく限り挙げてください。できる限り多角的な視点で考え、システム 2 を働かせて、ありそうもない不安や実にばかばかしいと思われるような不安も想像してください。思いついたことを付箋紙やインデックスカードに書いておくと、次節の「不安チャート」を作成するときに役立ちます。

表4-2　辻褄合わせからの脱却の実例

こう考えたら	この選択肢を考えてみましょう
私のチームはテストを書くのをさぼる	・CEO が全チームにテストをやめるように命じた。 ・チームは完璧なコードを書くので、テストは不要だ。 ・誰かがテストは無駄だと言った。 ・以前テストを試したが難しかった。
営業スタッフは品質など気にせず、納期だけを気にする。	・営業チームは開発目標をどれだけ荒唐無稽にできるか賭けをしている。 ・営業担当者はコードには常にバグがつきものだと考えている。 ・納期は幹部が合意するもので、営業にはコントロールできない。
データベースベンダーは、私たちが業者を変更できないことを知っていて、できる限りの金を搾り取っている。	・悪意のある経営者がばかげた価格設定で顧客を離れさせて会社を潰そうとしている。 ・価格表にタイプミスがあり、実際には大幅な値引きが予定されている。 ・私たちのアカウントマネージャーは、私たちが資金繰りに窮していることを知っていて、全世界で値上げをしている中で 50 ％引きを交渉してくれた。

4.3.5　辻褄合わせからの脱却の採点

　辻褄合わせからの脱却をゴールとする対話診断では、左側の列を見て、相手の考えや動機について根拠なしに決めつけているものをできるだけ多く見つけます。そして右側の列では「どう考えても」、「明らかに」といったシグナルになる言葉や、根拠の

ない自分の発言を探します。例えば、相手から「あなたのプロジェクトが基準に達していることは思えない」などとはっきり言われたわけではないのに、けなされたと感じて反応しているような台詞です。根拠のない決めつけを見つけられたかどうかチェックするには、辻褄合わせからの脱却を使って、その結論に至るきっかけになった自分が目にしたものについて他の説明が想定できないか考えます。もし妥当と思われる説明を思いついたら、その決めつけはもはや有効ではないことになります。根拠のない決めつけ1つにつき1点とし、できるだけ点数を低く抑えることを目標にします。

4.4　対話：不安チャート

　逸脱の常態化と辻褄合わせからの脱却を装備したところで、不安を乗り越える対話の準備が整いました[†5]。

　不安を乗り越える対話で最初にやるべきは、考えられる不安をすべて**議論の俎上に載せる**ことです。その際に辻褄合わせからの脱却が役立ちます。特にチーム全員が辻褄合わせからの脱却を実践していればなおさらです（そうでなければ、対話の最初に辻褄合わせからの脱却の考え方を紹介し、5分時間をとって自分のシステム2を働かせてアイデアを出すように促します）。次に不安の中で重要なものを抽出し、最後にその不安を軽減します。この作業の中で不安チャートを作りながら進めていきます（この節の最後にある**図4-1**は、この演習の最後にどのようなチャートができるかを示しています）。

ステップ1

　これまでに明らかになった不安（1人でもチームでも）をすべて見える化します。手軽なので私たちは付箋紙をよく使いますが、ホワイトボードに書いたりテーブルの上にインデックスカードを置いたりしても構いません。そして、グループからさらに不安を募ります。見つかった不安のもっと極端なバージョン（「バグが悪いとしたら、機能停止はもっと悪いでしょうか？」）について尋ね

[†5]　本説では、あなたがソフトウェアチームの開発者や、大きな組織の管理職グループなど、グループで不安を乗り越える対話をすることを想定しています。しかし、それは説明をわかりやすくするためであり、あなたは同僚数人と、あるいは一対一で不安を乗り越える対話をするときもうまくいくと考えてください。ここで説明する方法は、少人数のグループでも同じようにうまくいきます。

たり、見つかった不安の反対（「チームメンバーがいなくなるのは不安ですが、チームメンバーが急に増えることも不安ですか？」）について問いかけてみたりしましょう。

ステップ2

追加する項目がないか、出ているカードを組み合わせられないかを全員に尋ねます。ここでの目標はメンバーの考えを余すところなく見極めることです。
ほとんどの場合、見つかった不安の中には互いに補強し合っているものもあれば、まったく相容れないものもあるでしょう。このことを反映させるために、カード同士を近づけたり重ねたり、意味を添えた矢印でカードのグループを繋げたりなど、不安同士のつながりを見やすくするためにあらゆる方法を使ってください。このときに発言していないチームメンバーを取り残さないように。グループ分けをした人たちにはそれで問題ないか具体的に尋ねてください。

ステップ3

さて、いよいよ追求して軽減する価値のある不安と我慢しても問題のない不安を選別します。私たちは軽減したい不安を見定めるためにドット投票[†6]を使うのが好きですが、お好みで別の方法を使っても構いません。システム2を活性化させるのに役立つような宇宙人や秘密結社といった突拍子もないアイデアは、創造性を促すという目的を果たした以上この過程で捨てられることになるでしょう。最終的にはグループが扱いたいと考えている不安のサブセット、つまり最も懸念があるものや、最も重大なものを扱うことになります。

ステップ4

対象となるそれぞれの不安を軽減するための緩和策を発見できれば、不安を乗り越える対話の目標は達成です。緩和策には次のようなものが挙げられます。

- リリースにバグが多くて顧客が怒ってしまうことへの不安
  - 顧客や関係者と、品質とスピードのトレードオフについて話し合い、期待について合意する。

[†6] ドット投票をやるときには、各自が数票ずつ（3票か5票のことが多いですが、もっと少なくても構いません）持ちます。全員でボードに向かい、自分が軽減するべきだと思う不安の横に、ドットか集計マークをつけます。自分の票は好きなように配分できます（非常に重要な不安1つに手持ちの票をすべて使ってもよいですし、2つに割り振っても、いくつかの不安に1票ずつ入れても構いません）。

　　　－　手動テストと自動テストのカバレッジを増やす。

　　　－　チームが品質を向上させる間、顧客のクレームに対応してもらうこと
　　　　を経営者と合意する。

　●　納期に遅れることへの不安

　　　－　納期が何に左右されているかを理解し、マーケティングや営業との対
　　　　話を通じてスコープの縮小や期日の変更を交渉する。

　　　－　顧客の承認を得てスコープを縮小する。

　●　新しい手法や技術の習得に失敗することへの不安

　　　－　習得とは何かを定義し、進捗を示せるようなマイルストーンを定める。

　　　－　トレーニングと学習の機会を増やす。

不安と緩和策、そして緩和策を確実に実行するうえでの責任者（これが重要で
す！）を挙げてください。

ステップ5

最後に、お望みなら各不安を軽減するための決まりごとをチャートに書き加
え、期待される肯定的な結果を明確に示します。

図4-1に不安チャートの完成形の例を示しますが、単に不安チャートを作成する
だけでは不十分です。確実に公開し（理想的には壁やWikiに貼ったり、所定のスト
レージに置いておくのでもよいでしょう）、定期的に話し合い、緩和策を実行する必
要があります（緩和策の実行方法については、「7章　説明責任を果たす対話」を参
照してください）。

　不安チャートの作成はチームにとって大きな転換点となり、隠れた懸念について話
し合って効果的に対処できるようになります。しかし、これは一回きりの打ち上げ花
火ではありません。少なくとも半年に一度はチームとその環境が進化し続けるのに合
わせて不安チャートを定期的に見直し、改訂する必要があります。

　それでは、不安チャートの実例を見てみましょう。まずはタラの話から。

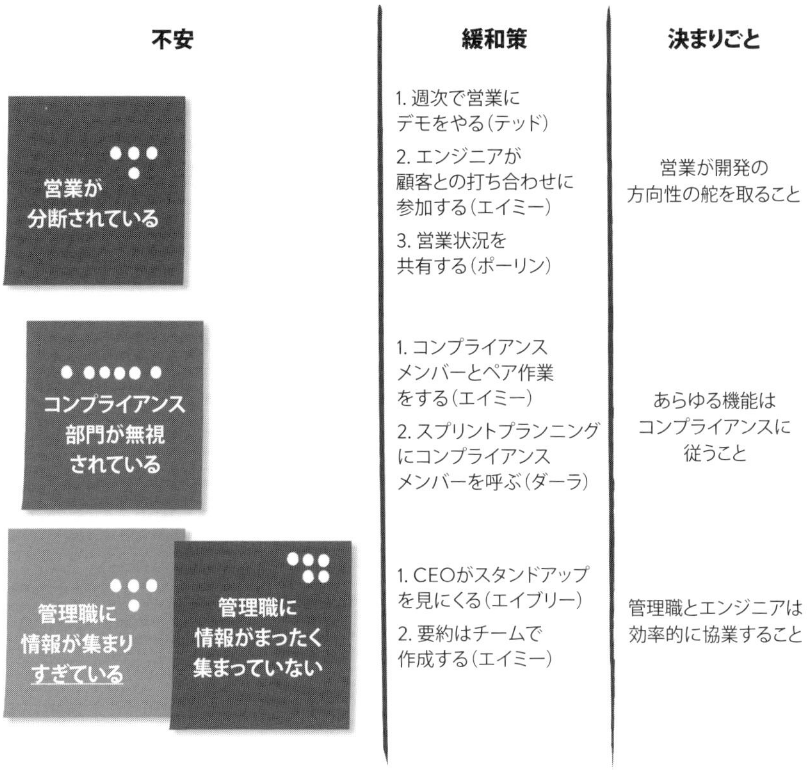

不安	緩和策	決まりごと
営業が分断されている	1. 週次で営業にデモをやる（テッド） 2. エンジニアが顧客との打ち合わせに参加する（エイミー） 3. 営業状況を共有する（ポーリン）	営業が開発の方向性の舵を取ること
コンプライアンス部門が無視されている	1. コンプライアンスメンバーとペア作業をする（エイミー） 2. スプリントプランニングにコンプライアンスメンバーを呼ぶ（ダーラ）	あらゆる機能はコンプライアンスに従うこと
管理職に情報が集まりすぎている / 管理職に情報がまったく集まっていない	1. CEOがスタンドアップを見にくる（エイブリー） 2. 要約はチームで作成する（エイミー）	管理職とエンジニアは効率的に協業すること

図4-1 不安チャート

不安をめぐるタラのストーリー（続き）

内省と改訂

　基本的な対話の採点を内省してみると、私は質問を5つしていたがどれも誘導的で真摯なものはなかった。とにかくマットに何か合意してほしかったのだ。大事な機能を作り切るためなら何でもよかった。対話の早い段階で左側にある事実は共有したが、徐々にネガティブになっていく開発者やマットに対する意見は

述べなかった。また遅れるというマットの言及は明らかにトリガーであり、動悸と吐き気がそれをはっきりと物語っていた。

辻褄合わせからの脱却の採点では、左側に結論が5つあるがいずれも裏付けがない。例えば、開発者たちは目標を達成できていないかもしれないが、怠けているからではない。考えられるものを挙げる。

- 開発者は会社を破壊しようと企む悪の結社を倒すために密かに働いている。
- 開発者は機能の重要性を理解していない。
- 開発者は正しく見積もるための経験が十分にない。

このような別のシナリオを思いつくからこそ、「開発者は怠け者だ」という私の結論には裏付けがないことがわかる。実際、これは防御的な思考法の一例だ。私は遅延するかもしれないと怯えているので、エンジニアを非難することで「勝利」を目指すのだ。

改訂のために何ができるだろうか？　一つはマットと一緒に不安チャートを作り、心配事を見つけ出して軽減するのに役立てたい。また、決めつけがないかどうか左側を確認し、もしあったら他の説明を考えてみるつもりだ。この作業は前述のリストに書いた通り、もう始めている。

改善後の対話

マットと対話して不安チャートを作る作業はとてもうまくいき、私たちは顧客に対してできていないことがあるという不安を共有していることがわかった。先週のプランニングセッションでは不安を感じたらすぐに説明することにしたのだが、おかげで一緒に不安を軽減できるようになった。

タラとマットの対話（改訂後）

タラの考えや感情	タラとマットの発言
また同じことか…。こんな風に妥協しても後で辻褄が合わなくなる。	タラ「ねえ、その機能はユーザーストーリーの半分に過ぎないって知ってるでしょう。ユーザーはワークフローの最後にプロジェクトを保存することもできないんですよ！」
胸がドキドキする。私は何を恐れているのだろう？ 営業活動をまた延期しなければならなくなり、収益を失うことだ。	マット「もちろん。でもそれはこのスプリントでできます。作業状況の保存も含め、残りは次のリリースでやりますよ」
売れなければすぐに資金が尽きてしまうし、このままでは売れない。なぜこんなことになっているんだろう？	タラ「でも、このままでは売れません。なぜ価値のある機能を作ると言いながら、実際にはやらないのでしょう？」
私たちは常に「スプリントのたびに価値を提供する」と宣言しているけれど、この原則から逸脱することが常態化しているように思う。	マット「ちょっと混乱しています。スプリントのたびに有用なものを作っていると思っていました。価値を見定めて、それを構築するのがプランニングセッションの目的でしょう？」
私たちのチームは以前より大きくなったけど、昔のような重労働をしていない。催眠術にかかってゆっくり働くようになってるのか、機能のことがわかっていないのか、あるいは、もっとトレーニングが必要なのか。うーん、私の目に映ることについては、いろいろな説明ができそうだ。解決するためにマットの意見を聞いてみよう。	タラ「ええ、でも私にとってはその目的を果たしていません。私たちは価値あるものを積み上げていると言っているのに、なぜか売りものにならない中途半端な機能を作り続けています。それはなぜだと思いますか？」
うーん、マットの質問について考えていると、夏の間ずっとみんなでかかりきりになっていたデータベースプロジェクトを思い出してしまう。もしかしたら、私が本当に怖いのはそれかもしれない。	マット「そう言われるときついですよ、タラ。なぜ今まで何も言わなかったのですか？ 機能を省くことで販売に支障をきたしていたなんて。言ってくれれば、少なくともそのうちのいくつかには手を入れるように調整できたのに」

マットに十分な信頼を感じているからこそ、自分の恐れを分かち合うことができる。	タラ「それはもっともな質問ですね。もし私がそんなことをしたら、あなたのチームが何をしているかわからなくなってしまうのではないかと心配なんです。データベースを再構築して何カ月も何もリリースしなかったときのようにね」
まさに、価値を高めるためのトレードオフについての議論をしたかった。	マット「そんな風に恐れているとは知りませんでした。データベースを構築して以来、私たちは多くのことを学びました。例えば、ステップ 7 をスキップして代わりに保存ボタンを使えるようにするとか。そうすればこのスプリントに入ると思います」
最終的に、このミーティングは生産的なものになるかもしれない。	タラ「それでお願いします！」

　辻褄合わせからの脱却のおかげでこの重要な局面で何度も救われた。進捗が遅いのは開発者のせいだと決めつけず、他の理由を考えることができたからだ。実は私も問題の一端を担っていたことがわかった。プランニングの際に私に欠けていたのは、常に不安を共有して足りない機能が売上にどのような影響を及ぼすと考えているかを説明することだった（マットとの最初の対話を振り返ってみてほしい。その不安は左側の至るところにあるけれど、右側の実際の対話には出てこない）。この不安をオープンにしたことで、プランニングセッションはより効果的になり、売上を促進するためにスコープを変更することについて有益な議論ができるようになった。そして、心臓に悪い危機一髪の場面もなくなったのだ！

4.5　不安を乗り越える対話の例
4.5.1　トムとエンジニアたち：コードの不安

　トムはこう言います。「私がチームリーダーとして迎えられるまで、ケンはテックリードであり、ラインマネージャーだった。私は赴任してすぐにバグや困りごとの原

因がリリースプロセスであることに気が付いたが、誰もその理由を正確に教えてくれなかった。不安を煽る内容なのに、議論されないままになっているようだ。私はケンをはじめとするエンジニアリング・チームとセッションを行い、まずはリリースにまつわる不安について考えてもらうことにした。そうすることで、逸脱の常態化の実例を発見できるだろうと期待したのだ」

トム、ケン、そしてエンジニアたちの対話

トムの考えや感情	トム、ケン、エンジニアたちの発言
現状を見える化し、議論できるようにしよう。	トム「さて、これでリリースのプロセスはボードに書き込めたと思います。見落としはないですか?」
「ことになっている」、怪しいフレーズだ。	ディーン「ええ、これが我々が守ることになっているプロセスです」
これらの重要な言葉の意味は何だろう?	トム「『ことになっている』とはどういう意味ですか?」
「当然」? 問題をはらんでいそうな単語だ。	エリー「ああ、当然、ケンは守っていないですが」 トム「なぜ『当然』なんですか?」
ああ、これがみんなリリースの問題を直接触れない理由かもしれない。	ケン「エリーの言う通りです。コードレビューや QA のステップを飛ばして、そのまま本番リリースすることもあります」
根底にある感情にたどり着けるかどうか見てみよう。	トム「それはなぜですか? その原因となる不安はありますか?」
よかったね、ケン! 昨日、君がこの不安について話してくれたとき、ここで分かち合ってくれることを期待したんだ。	ケン「私しか理解できないような古いコードがたくさんあります。他の人がそれに惑わされてミスを犯すのが怖いんだと思います」

ここでフランクと議論することはできない。でも、フランクはこの懸念について、これまで私や他の人たちに話してくれなかった。	フランク「ケン、それは不公平です。私たちはアプリ全体の仕組みを知る権利があります。それに、チェックせずにリリースするからバグが起きるのです」 トム「フランク、なぜ今までその意見を言わなかったのですか?」
「ケンのコード」、またしても、いろいろな捉え方ができる感情的なフレーズだ。でも、フランクがこの不安について話してくれるのはうれしい。	フランク「私たちがケンのコードを見たいと言ったら、ケンが嫌がることを恐れていたからです」
ケンもそう思う?	トム「フランクは『ケンのコード』と言いました。ケン、コードは自分のものだと思っていますか?」
両者の不安を軽減する方法が見えるかもしれないね。	ケン「そんなことは思っていません。私は共有したいですが、他のみんなはそう思っていないと考えていました」 トム「フランクがコードの所有権を共有したいと言うのはフェアだと思いますか? 他の人もそう思いますか? 頷いている人が多いですね」
ああ、これは期待できそうだ。	ケン「レガシーコードについては他の人たちと協力して進めてもいいと思います」 トム「そうすれば、ミスへの不安が和らぎそうですか?」
今、正しい道を歩んでいる!	ケン「そうですね。今日の午後、フランクとコードレビューを行います」

　トムはホワイトボードを使って、チームが守る「ことになっている」プロセスである決まりごとを共有しました。そうすることで決まりごとから逸脱した経緯と原因、そして逸脱の原因となっている不安がどのようなものなのか話し合うことができました。その後、不安を乗り越える対話が行われ、不安の緩和策を見極めるための「不安チャート」がもっと簡単に作成できるようになりました。トムは後に、この成功を収

めた対話以降、チームは自分たちで決めたリリースプロセスを以前よりも忠実に守るようになったと言っています。

4.6　ケーススタディ：不安を克服する
4.6.1　年2回のビッグバン

　ティエリーは思いました。「4カ月では、絶対に達成できないだろう」

　2018年9月、ベルギー連邦年金局はアジャイルチームのコンサルタントであるティエリー・ド・パウに、四半期ごとの主要なソフトウェアリリースは12月が最後だと伝えたところでした。その後、2週間ごとに新しいバージョンをリリースして「継続的デリバリー」を実現し、コストとリスクを大幅に削減するつもりだというのでした。

　当局は120人以上の開発者を抱えており、ベルギー国民全員の年金を計算して支払う15年前の巨大なアプリケーションを運用していました。そのため、当局が習慣を変えなければいけなかったチームは15にのぼりました。各チームはモノリシックなコードベースで作業しており、その変更は相互に影響を与える可能性があったのです。ビルドとリリースのチームは四半期ごとにすべてのチームからのすべての変更を丹念にマージし、全員の新機能をまとめたビッグバンリリースを作成していました。しかし、各チームのコードはバラバラに書かれていたため、組み合わせると動かないものもありました。アプリケーションを安定し稼働させるには、330人日ほどかかることがわかりました。

　もちろん多くの組織がそうであるように、四半期ごとと銘打ったリリースは四半期ごとですらありませんでした。複雑で多くの手作業が必要だったリリースプロセスはいつも締切に間に合わず、デプロイの遅れに繋がりました。リリースが遅れるということは新しいバージョンごとにさらに多くの機能を提供しなければならないことを意味しており、複雑さとリスクは増すばかりでした。

　ティエリーは20年間ソフトウェアチームを率いてきましたが、その経験を振り返っても、これほど大きな組織がこれほど早く継続的デリバリーを実現させるところを見たことはありませんでした。「そこを何とかしてくれ」とティエリーが当局に雇われたところから話が始まります。

4.6.2　不安を明らかにする

　ティエリーは共同設計（詳しくは「5章　WHY を作り上げる対話」参照）を活用して社内の改革を主導する意欲的な「コアチーム」とともに、開発者がコードを完成させてからアプリケーションで機能を稼働させるまでのプロセスをすべて記載したバリューストリームマップを作成しました。このバリューストリームマップのおかげでどこから改善に手をつけていいかを考えられるようになりました。例えば、2 週間に 1 度、より迅速な「パッチリリース」プロセスが行われていることが、この作業によって明らかになりました。パッチリリースは既存機能を素早く修正するために設計されていましたが、時折、新機能にも使用されるようになっていたのです。

　ティエリーはバリューストリームマップを精査して「ここを見てください！」と言いました。「パッチのために、リリースプロセスすべてをわずか 2 週間にまとめているのは驚くべきことです」　そしてティエリーは考えました。「これなら古いプロセスを新しいプロセスにスムーズに置き換えられる。次のメジャーリリースはいくつかの小さなリリースに置き換えよう」

　しかしさらなる調査を進めた結果、こうした改善を妨げ得る不安が明らかになってきました。最初の一つが**複雑さへの不安**です。リリースのたびに、チームは様々なコードの「ブランチ」（各チームが最近行った変更を含むソフトウェアのバージョン）を作成したのですが、それらの間には複雑な依存関係があったのです。この絡み合ったスパゲッティをリリース可能な一本一本にほぐすには、複数のブランチから慎重に選び出す必要があります。6 カ月分の変更を取り込むような一連のリリースはもちろん、たった 1 回のパッチリリースでさえもうまくいかないことがありました。作業の途中でこれほど複雑な調整をしなければならなかったため、エラーのリスクがあまりに大きかったのです。そこでティエリーとコアチームは不本意ながらも 12 月のメジャーリリース計画を守ることで、この不安を軽減することに同意しました。1 月にはブランチを整理し、よりシンプルで小さな機能単位から再開する予定でした。

　新しいプロセスに向けた作業を続ける中で、ティエリーはグループを率いて不安を乗り越える対話を何度か行いました。対話を通じてチームはさらにいくつかの不安を発見しました。離脱、スキルギャップ、重要なステップの省略、締切、バグ、などです。それぞれについて詳しく説明していきます。

離脱の不安

15 チームの大半は継続的デリバリーを実現するために協力しましたが、姿を見せないチームもいくつかあり、準備のための目に見える活動をほとんど行いませんでした。この人たちは時間を守ってくれるだろうか？ 新しいプロセスへの参加を拒否するのではないか？ この不安を和らげるために、コアチームは継続的デリバリーモデルを採用するための手順をシンプルかつ明確に文書化しました。そうすれば、かつて離脱していたチームも変革が本当に起こると理解できれば簡単に追いつくことができるのです。後発組の何人かはすでにパッチリリースプロセスのヘビーユーザーになっていました。

スキルギャップの不安

新しいプロセスでは以前よりもずっと小刻みに変更を加える必要があります。チームは適応し、わずか 2 週間で実行可能な価値ある変更に作業を分解できるのか？ ティエリーは他の多くの組織でエンジニアが日次で価値を提供しているのを見てきたため、この点については心配していませんでしたが、ティエリーに自信があるだけでは意味がありません。チームは自分たち自身が信じられるような緩和策を必要としていました。そして 2 週間という期間内に変更を完了できなかった場合に、機能ブランチでリリースをスキップすることを合意しました。つまり、セーフティネットが手に入ったのです。

重要なステップを省略してしまう不安

長いリリースプロセスにはコードフリーズやチーム全員による「GO-NO-GO」決定会議など、多くの儀式が含まれていました。これらの儀式がなくなることで、それによってもたらされていたリスク軽減も失われるのではないか？ コアチームは 2 週間のリリースサイクルの間に実行できるように、それぞれの儀式を圧縮したバージョンを開発し、プロセス全体をスピードアップしながら、その価値を維持しました。

締切の不安

政府機関の一部として法的に義務付けられた締切があり、これを逃がすという選択肢はありませんでした。新しいプロセスはこんなに忙しいのに、チームが厳しい目標を達成できると確信できるだろうか？ たった一度の失敗でプロセ

ス全体が頓挫してしまうのではないか？ この不安に対処するうえでは切り戻し手順がうまくいきました。厳しい締切が近づいていても、十分な回避策と緩和策さえ**考えてあれば**、テストに失敗したとしてもリリースすることができたのです。

バグの不安

これは特に責任者にとって最大の不安でした。深刻な問題が発生すればベルギー中の新聞の一面を飾ることになり、評判は落ち、修正には莫大な費用がかかります。そしてその不安は十分に根拠のあるものでした。自動テストの多くは偽陰性になりがちで、テストは別々に保存されるためコードと同期しないことが多く、手動テストは調整と整理が困難でした。その結果、多くのバグがテスト工程をすり抜けていて、メジャーリリースのたびにすべてのバグを絞り出そうとリリース対象を繰り返しチェックするために多くの時間が費やされていました。

「メジャーリリースのおかげで、皆が品質に注意を払うようになり、テストに十分な時間が取れるようになった」とチームメンバーは言います。「大惨事が起きないようにするために、たった 2 週間で十分なチェックをすることなどできるだろうか？」 コアチームは信頼性の低いテストを隔離し（失敗したテストは手動で検証されたり、軽減措置が取られたりしました）、テストをコードと同じリポジトリにコミットして同期を保つことで、この不安に対処するために多大な投資を行いました。そして 2 週間ごとのリリースの小さな変更点のみに焦点を当て、手動テストをより注意深く計画しました。

これらの不安を軽減して 12 月の最終メジャーリリースを乗り切ったことで、コアチームは幹部から新しいプロセスを展開する許可を得ました。全員が固唾を呑んで 2019 年を迎えました。果たしてその対策は十分だったのでしょうか？ 新年からわずか 2 週間でフルリリースを完了できるのでしょうか？

4.6.3 あふれる笑顔

その答えは「YES」でした！ 最初のリリースは完璧ではありませんでしたが予定通りに実施され、コアチームは次のリリースまでに問題に対処する準備ができていま

した。当初参加しなかったグループも参加するようになり、チームは機能全体ではなく部分的な変更をリリースする方法を見つけました。圧縮された儀式が機能し、リスクを減らし、自動テストと手動テストが連携して品質を高く保ち、リリースを期限に間に合わせることができました。不安を議論可能なものにして軽減することで、最初のリリースを計画通りに行う十分な保証が得られました。その後2週間ごとに、リリースは規則正しく行われるようになりました。

　当然ながらまだ完璧とは言えず、コアチームにはやるべきことがたくさんありました。15チームへのヒアリングツアーではまだ多くの修正や改善が必要であることも明らかになりましたが、一方で新しいプロセスはどのチームでも歓迎されていて、このプロセスのおかげで組織全体に透明性がもたらされていることもわかりました。ティエリーは、新しいプロセスが始まるまでいつも悲しそうな顔をしていたあるコアメンバーについてこう語ります。「彼女は変化が必要だと確信していましたが、それが実現しないことを恐れていました。最初のリリース後には、彼女の浮かない顔が満面の笑みに変わっていたのです」

4.7　結論：不安を乗り越える対話を実際にやってみる

　本章では、逸脱の常態化を手がかりに不安を**見つけること**、辻褄合わせからの脱却を使って自分では気づかない不安を**明らかにすること**、そして不安チャートを使って不安を**軽減すること**について学びました。自分自身や他人の不安を軽減することで、対話を変えていく妨げとなる脅威、恥ずかしさ、防御的な思考法をなくすことができます。不安を乗り越える対話は次のような様々な方法で使うことができます。

- **エグゼクティブリーダー**は組織を変革し、リスクをより多く取って会社の目標達成の障壁を取り除く方法をより多く見つけられるようにできます。心理的安全性の組織文化のおかげで、障壁やリスクに関する情報が組織の中で効果的に流れるようになるからです。
- **チームリーダー**はスプリントプランニング、スタンドアップ、またはレトロスペクティブにおいて、自分のチームが見落としている選択肢を知ることができ、メンバーをより積極的に巻き込んで創造力を発揮してもらうために何ができるかを知ることができます。

- **メンバー**はインフラのコード化（IaC）や実行可能な仕様のようなイノベーションの採用を妨げている不安を見定め、同僚やマネージャーの助けを借りて、そういった不安を効果的に軽減することができます。

5章
WHYを作り上げる対話

これまで信頼関係を築いて不安を軽減する術を学んできました。これらのスキルがあれば協業を妨げて課題解決をしにくくする問題に対処し、チームが工場マインドに陥ってしまうことを防げます。最初の目標は成功への障壁を取り除くことでしたが、これから紹介するスキルはチームで前向きに働くための枠組みを構築するためのものです。WHYを構築することで大小様々な意思決定の指針となる戦略的方向性が生まれ、成功への強い動機づけになるのです。自主的な意思決定とチームのモチベーションは協業を重要視しない工場では考慮されませんでしたが、工場から脱却して自律的に運営できるようになるためには不可欠です。

本章で伝えたいことは、チームとして集団行動する原動力を「WHY」として言語化すべきなのはもちろん、その際には関係者全員を**巻き込まなければ**ならない、ということです。上から目線や見せかけの協議だけでWHYを押し付ける経営者は百害あって一利なしです。組織の理念を一緒に考えるということは、チーフアーキテクトが次の進化のステップとして旗印を立てることに集中できるということであり、技術責任者が四半期ごとの目標のためにチーム全体を動かすことができるということであり、テスターが次にどのコンポーネントのテストを自動化すべきかを自信を持って決めることができるということなのです。

本章で紹介する手法を身につけたときに何ができるようになるか、次に挙げておきます。

- **本質的な関心事**と**表向きの主張**を区別し、表向きの主張をめぐって議論が行き詰まったときに本質的な関心事に光を当てる。

- **意見表明**と**問いかけ**を組み合わせて、自己開示するべく自分自身の見解を共有しながら他者理解を目指して相手の見解に関心を持てるようにする。
- チームの WHY のようなソリューションは**共同設計**する。その際は前述の 2 つのテクニックに加えて、明確な意思決定とタイムボックスを定めた議論を行う。そうすることで参加者全員の意見を聞き、全員が貢献したと言える結果を出せるようになる。

5.1　いきなり WHY に手をつけない

　最も視聴された TED トーカーの 1 人であるサイモン・シネックは「成功を収めるためには、組織はいつも自らの存在意義と行動の核となる WHY に基づいて進む必要があります」と熱弁しています。「何を（What）」や「どうやって（How）」は「WHY」に至る道筋を定義する戦略と戦術であり、後からついてきます。成功するためにはまず、顧客、従業員、投資家が組織の理念を聞き、理解し、それに沿う必要があるのです [72]。

　講演とそれに続く著書『WHY から始めよ！：インスパイア型リーダーはここが違う』（日本経済新聞出版、2012 年）の中で、シネックは多くの例を挙げて主張を裏付けています。

- 探検家アーネスト・シャクルトンは 1914 年、初の南極大陸横断を試みる前に、こう仲間を募集したと伝えられています。「求む男子。至難の旅。僅かな報酬。極寒。暗黒の続く日々。絶えざる危険。生還の保証なし。ただし、成功の暁には名誉と称讃を得る」[73]
- 1997 年の大規模なリブランディングにおいて、アップルは広告で製品にまったく触れずに「Think different」と呼びかけました。既存のコンピュータ製品から完全に切り離された形で、顧客に対して会社の使命をこれほど明確に打ち出したことで、その後の 10 年間で音楽プレーヤー、スマートフォン、タブレット端末といった新しいカテゴリーを独占することができたのです。
- キング牧師が 1963 年に行った感動的な演説では、人間が「肌の色で判断されるのではなく、人格によって評価される」[74] という新しい世界のビジョンが語られました。キング牧師は聴衆をその約束の地につれていく方法については

語っていません。そのうえ、キング牧師のスピーチは「私には夢がある^{I Have a Dream}」と呼ばれており、「私には計画がある」ではありません。しかしキング牧師は自分の信念を語ることのみで 25 万人以上の聴衆を魅了し、説得することに成功したのです。

　いずれのケースでも、大胆なリーダーは戦略や戦術にこだわることなく、グループが何を達成しようとしているのかについて説得力のある主張でフォロワーや信奉者を引きつけ、劇的な成功を収めました。強力な WHY は小規模で戦術的な変革にも同じように役立つことを私たちは経験上知っているのです。

　もしチームに同じような高みを目指してほしいのであれば、感動的な「WHY」に対する真のコミットメントを共有する必要があります。明確な方向づけと内発的コミットメントがあれば、シャクルトンやアップル、キングのように自己組織化し、成功することができるでしょう。そうですよね？

　その主張を軽んじるつもりは毛頭ありませんが、私は同意しかねます。WHY から始めるのは危険だし、成功する見込みもありません。

　確かにチームが反復的なデリバリーや定期的なふりかえりによる改善のようなテクニックを生産的に利用するためには、チームの理念について明確に合意しなければなりません。そして、スコープ、マイルストーン、納期、目標、その他アジャイルエンジンを動かすために必要なすべてについての合意するためにも、その前にこの理念について認識を合わせなければいけないことも間違いありません。だからこそ、この後の 2 つの対話「WHY」と「コミットメント」はこの順番になっているのです。チームと組織の「WHY」を揃えていくために必要な内発的コミットメントを育てる方法については、両方の対話で詳しく取り上げていきます。

5.1.1　WHY の前に

　しかし、リーダーが信頼を築く対話と不安を乗り越える対話をすることなくチームを鼓舞しようとすると、悲惨な結果に終わることがよくあります。解釈^{ストーリー}が揃っていて全員が期待される行動モデルを共有できるようになっていなければ、「きちんと船の舵取りをしている人がいるから、そちらについていけば大丈夫」とはとても思えないのです。そして、抑えられていない不安がチームの思考を支配していると、WHYを作り上げる対話の核となる目標を一緒に考える余地がなくなってしまいます。

　この話で思い出すのは、構築に一年以上かかったある SaaS（Software as a Service）製品の立ち上げ直後のチームのことです。イテレーションと顧客の巻き込みが不足していたため、製品は低迷し、営業担当者は 1 件も契約を結ぶことができませんでした。チームメンバーは意気消沈しているように見えましたし、どうすればソフトウェアを市場に出せるようになるのか誰にもわからないようでした。顧客との結びつきを取り戻して解決策への道を反復するためにはシネック流の「WHY」を十分に学ぶ必要があることは明らかでした。

　しかし、さらに掘り下げてみると、このグループには信頼と不安の問題が根底にあり、WHY を作り上げる対話の準備が整っていないことがすぐにわかりました。リーダーたちはチーム編成や製品マーケティングについて一方的な決定を下して不評をかっていました。そのせいでメンバーたちのモチベーションに関する話はひどくズレていました。また、コードレビューをスキップしたりプロダクトオーナーに話を通さずに機能を本番投入したりするような短絡的なやり方のせいで、コードやリリースの品質についてチームは耐えられないほどの不安を抱くようになりました。この時点でこのグループを鼓舞するような WHY を語ろうとするのは、反乱直前のバウンティ号[†1]の乗組員を鼓舞するブライ船長のようなものだったでしょう。

　しばらくの間メンバーと一緒になって働いたことで、私たちは信頼を向上させて不安を軽減させるのに役立つ、次のような行動を掘り起こせました。

- チームリーダーの役割を再定義して協働リーダーシップのコーチングを行う。チーム全体を意思決定に参加させることを約束してそれを守る。
- 品質への不安を議論の組上にのせ、対処するためにリリースプロセスを再構築する。
- 信頼を損なうような行動をとった役立たずのシニアリーダーを排除する。

　このような行動をとって初めて、チームは有意義な WHY を作り上げる対話を行うことができました。会社やチームの目標と製品ローンチが大失敗に終わった理由を話し合い、反復的デリバリー（もはや不安の種ではない）を通じて不足している機能

[†1]　訳注：バウンティ号は 18 世紀のイギリス帆船で、最も有名な出来事は 1789 年の「バウンティ号の反乱」です。船長の厳格な規律に対する不満から一部乗組員が反乱を起こし、船長らを海に放り出しました。この事件は多くの映画や小説の題材となっています。

に対処するプロセスを開始することができたのです。現在、製品は好調な売れ行きを見せています。

　この例からわかるように、WHY のないチームは足並みが乱れ、進むべき方向を見失うおそれがあります。一方、強力な WHY によって心理的安全性と目標に対する明確な整合性がもたらされます。ここで紹介したようなテクニックを用いて強力な WHY を共同で設計するためには、強固な信頼と不安の軽減が欠かせません。そうでなければ、チームが辻褄合わせからの脱却や人のためのテスト駆動開発のような前章で学んだスキルを活用してチームビルディングできるようにならないのです。

　したがって、先に進む前にそれらの基礎が整っていることを確認してください。それができているなら始めましょう！

WHY をめぐるボビーのストーリー

　私の名前はボビー。ニューヨークで子供向け e ラーニング・タブレット用の組み込みソフトウェアを開発しているグループのチームリーダーだ。ダリウスはハードウェア担当で、タブレット本体を作っている。私たちはチップからファームウェア、アプリに至るまで、製品の新バージョンの出荷を担当している。問題になっているのはダリウスとは 7 時間の時差があるので、直接話す機会がほとんどないことだ。こちらと一緒に作業できるようにダリウスのチームは勤務時間をずらすべきだと思う。夜明けに起きてダリアスと電話で話し合ったが、対話はすぐにこじれてしまった。何がいけなかったのか、録音して診断するつもりだ。

ボビーとダリウスの対話

まず右側を読み、それから戻って右から左へ読んでください。

ボビーの考えや感情	ボビーとダリウスの発言
コミュニケーションを増やすことのメリットは絶対わかるだろう。	ボビー「チームが一緒に作業する時間をもっと増やさないといけません。そのために始業と終業の時間を遅らせてもらえないでしょうか？」
そんな意地を張っても埒があかないよ。	ダリウス「いえ、無理ですよ」

サンタクロースが私たちのために配達日をずらしてくれるとは思えない。私たちの使命は子供たちを幸せに賢くすることだ！ クリスマスを逃したらどっちもうまくいかない。	ボビー「ええ？！ でも、コミュニケーションは改善しないといけません。製品はクリスマスに間に合わせなければならないのに、この遅れでは計画が台無しです」
信じられない。私たちのドキュメントに誤解の余地はない！ エンジニアが読みたくないだけだ。	ダリウス「わかってませんね。問題はドキュメントにあるのに、終業時間をずらしても遅れは取り戻せませんよ」
この件はまた話し合わないと。	ボビー「仮にドキュメントに問題があるのなら、もっと話をしないと、何が悪いのかわかりませんよね？」
話していても何の解決にもならない。本当に石頭だ！	ダリウス「それでは意味がありません。ちゃんとした仕様書があれば、それに合わせて構築できます。それしかありません」
もうどうしようもない。ダリウスが意固地になっていると、何もできない。	ボビー「あきらめます。労働時間を自主的に動かしてくれないのなら、うちの社長にお願いするしかありません」

　ダリウスはメールやチャットでは無口で無愛想だが、電話では心を開いてくれると思った。だが勘違いだった！ 話してみたらもっと頑固だった。私たちは遅延の原因やもっと良くコミュニケーションする方法だけでなく、そもそもなぜこのタブレットを作るのかについてさえ意見が一致していないようだ。ダリウスと一緒に仕事ができるとはまったく思えない。

5.2　準備：表向きの主張ではなく本質的な関心事、意見表明と問いかけ

　信頼を築く対話と不安を乗り越える対話の目的は、これまで隠されていた考え（解釈と不安）を発見して話し合えるようにすることでした。それに比べれば WHY を作り上げる対話の方が簡単だと思われるかもしれません。自分たちの仕事がどれ

だけ重要なのかがわかる魅力的な動機を伝えるだけでよいからです。そう思いませんか？

残念ながら、そのやり方でうまくいくことはほとんどないと思われます。なぜなら、あなたにとっては魅力的な動機でもチームの他のメンバーにとってはそうではない可能性が高いからです。銀行業界のある経営者は「自分の会社の存在意義は市場を効率的にするためだ」と、何年もかけてあらゆる人に語っていました。そこに嘘はなく、その会社は実際に財務上の非効率をうまく取り除いていました。しかし、そのWHY は製品設計や採用、従業員のモチベーションにまったく影響を与えませんでした。その企業で働くソフトウェア開発者やプロダクトマネージャーにとって重要ではなかったからです。

これから提案するのはもっと難しいことです。すなわち組織の WHY を**一緒に考える**のです。これは見た目より大変です。交渉と妥協が必要になりますし、一歩下がって二歩進む（それでも進めるだけ幸運です）ようなもので時間の無駄に思えます。また、あらゆる面でエゴを抑えなければなりません。ビジネスにおいては真実を見極めて進むべき道を決める源が自分だけだと信じてはいけないのです。エゴを抑えることは経営者や創設者にとっては特に困難です。自分だけが組織が進むべき正しい道を知っている、あるいは知るべきだと心から信じているからです。しかし、「共同設計」こそがチームの内発的コミットメントと自己組織化を生み出す唯一の方法なのです[2]。

共同設計そのものについては次節で説明しますが、その前に具体的なテクニックを2つ紹介しましょう。「**表向きの主張ではなく本質的な関心事に目を向けること**」と「**意見表明と問いかけを組み合わせること**」です。どちらも意見が対立している領域で相手と協業する際に役立ちます。

5.2.1　表向きの主張ではなく本質的な関心事に目を向ける

人道支援団体マーシーコープスの交渉担当者であるアーサー・マーティロスヤンは、『ハーバード流交渉術』（三笠書房、1989 年）に書かれている「表向きの主張ではなく本質的な関心事」というテクニックを使って交渉を成功させたエピソードを紹

---

[2]　それに加えて、チームメンバーが入れ替わったり環境が変化したりするのに合わせて自身の WHY を定期的に見直す必要があるでしょう。これも WHY を作り上げる対話のスキルが上達するといい理由です！

介しています [75]。ある石油会社が戦後のイラクで大量の石油が眠る油田を発見し、直ちに掘削を開始する準備を整えました。不運なことに、その油田の真上には畑があり、そこを耕作する小作農たちは作物を手放す準備ができていませんでした。そのうえ、小作農たちが武装して会社の事務所を銃撃すると脅してきたのですが、内戦からまだ立ち直れず宗派間の暴力に引き裂かれている社会にあってはそういった脅しも軽視できませんでした。この対立は両者とも自分の**表向きの主張**を譲らないまま、難航しているように見えました。石油会社は掘削を望み、農民たちは農業を望んでいたのです。まさに膠着状態！

　しかし、マーティロスヤンはそれぞれの**本質的な関心事**に目を向ければ話し合いをやり直す機会があることに気づきました。石油はどこにも行きませんが、農家の収穫は間近に迫っています。

　石油会社はその土地の買収を少しの間待つことができたでしょうか？ **YES** です。石油会社の本質的な関心事は自分たちの所有権を守り、今後何年にもわたって資源を開発することだからです。

　農家の人たちは収穫した後ならその土地を離れられたでしょうか？ **YES** です。農家の本質的な関心事は自分たちが苦労して植えて育てた作物を売ることだったからです。

　対話の議題が本質的な関心事に移ると、すぐに解決策は明らかになりました。作物が熟し、農家が収穫し、トラクターが去った**直後に**掘削がはじまりました。農家の中には油田での仕事に就いた人もいます！

　あなたの組織における慎重を要する対話が借地人を立ち退かせたり、（文字通り）銃弾を避けたりするようなものであることはまずないでしょう。しかし、あなたの同僚は石油会社や農家と同じかそれ以上に凝り固まった表向きの主張をしているかもしれません。慎重を要する対話をする前には必ずこうした表向きの主張を確認し、その裏にある本質的な関心事についても考えておくことが重要です（**あなた自身の表向きの主張**や**本質的な関心事**も忘れずに！）。いつものように、組織外の人の助けを借りるとそうした表向きの主張や本質的な関心事を見極めるのに役立つことが多いです。自分では見えなくなっている可能性があるからです。

　表5-1に、表向きの主張とその裏にある本質的な関心事の例を挙げます。

表5-1　表向きの主張と考えられる本質的な関心事

表向きの主張	考えられる本質的な関心事
今期中に機能 X をリリースしなければならない	・競合他社に遅れをとらない ・顧客との約束を守る ・納期厳守の評判を守る
技術的負債を解消しなければならない	・高品質の製品を提供する ・開発者を満足させる ・新しい技術スタッフを採用する
要求のバッファリングをやめなければならない	・納期の予測可能性を高める ・チームのスループットを向上させる ・業界の慣習に遅れないようにする
デプロイにコンテナを使う必要がある	・デプロイの失敗を減らす ・本番環境での問題を迅速に診断する ・新しい技術について学ぶ
給与等級制度が必要だ	・従業員の待遇を公平にする ・訴訟を回避する ・スタッフを確保する
ジェーンを解雇しなければならない	・業績問題を迅速に解決する ・企業文化と価値観を強化する ・スタッフ予算を削減する

　対話中に表向きの主張と本質的な関心事を区別することで、実りのない議論が果てしなく続くことを避けられるようになります[3]。相手が頑固に表向きの主張をしてきたり自分が表向きの主張を引っ込められなくなってきたと感じたりしたら、その表向きの主張に至った理由や本質的な関心事を見極めて共有することを目指しましょう。

　例を挙げましょう。スタートアップの創業者 3 人のうち 2 人が採用すべき販売戦略について激しく議論していました。1 人は既存顧客内での拡大を強く支持し、もう1 人は新製品で新たな市場を開拓することを強く主張していました。3 人目の創業者は私たちが発言を促すまで黙って見ていました。口を開いた彼女は他の 2 人の創業

---

[3]　「3 章　信頼を築く対話」の「推論のはしご」（**図3-1**）を思い出してください。このような表向きの主張に基づく論争では、別々の結論に至った理由（**本質的な関心事**を含む）を共有することなく、はしごの上から多くの行動を意見表明することになります。私たちはこれを「はしごの決闘」と呼んでいます。

者の本質的な関心事を理解する新しい方法を示す図をホワイトボードに描きました
（**図5-1** 参照）。縦軸を考えることで、既存顧客と新規顧客に対して、既存の人気機能
から研究成果のまったく新しい機能まで様々な選択肢を提供することについては本質
的な関心事が共通していることを全員が理解できるようになりました。議論は選択肢
の組み合わせの現状とあるべき姿というより建設的な話題に移りました。

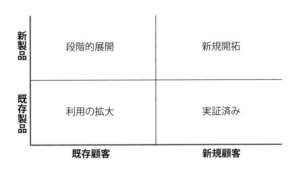

図5-1　製品に関する洞察

　WHY を作り上げる対話の準備を具体的に行うために、**表5-1** のような表を作成し
てみてください。同僚が意見表明していると思われる具体的なチームや組織の目標を
「表向きの主張」に、その背景にあると思われるより広範な原則を「本質的な関心事」
に記述します。

5.2.2　意見表明と問いかけを組み合わせる

　2 章で述べたように、人は意識して自制しないと一方的にコントロールして自らの
意見を声高に訴えてしまう傾向があります。筋を通してわかりやすく話すのだから、
自分の意見を相手に伝えさえすれば、相手も私たちに同意せざるを得なくなると信
じています（正しいことには変わりないのですから）。アーガリスは自身の対話に注
意を払うことでこの習慣から脱せられるようになると説いています [76]。そして、人
のためのテスト駆動開発や「表向きの主張ではなく本質的な関心事」のような手法に
よって、このような一方的な意見表明から抜け出し、自己開示と他者理解を目指す姿
勢を保てます。こうした真理を知っているのは私たちだけではありません。真摯な質
問をすることで、他の人たちが状況をどのように見ているのかを理解できるようにな

りますし、新しい解決策を一緒に考えられるようになるのです。

しかし、純粋な問いかけに傾倒しすぎることには危険が伴います。ジェフリーが同僚のセルジウスと新しいレポートについてユーザーにヒアリングする方法について対話したときのことを考えてみましょう。ジェフリーとセルジウスが2人で対話診断を行ったため、**両者**の考えがわかりました。この対話診断は珍しく3列になっています。セルジウスとジェフリーは一緒に対話を書き留めたので、2人の考えが記録されています（セルジウスが左側、ジェフリーが右側）。実際に話されたことは中央に記載されています。

セルジウスとジェフリーの対話

中央から読んでください。

セルジウスの考えや感情	セルジウスとジェフリーの発言	ジェフリーの考えや感情
ロブとはフォローアップミーティングをすべきだと思うが、誰かを追及することは有益ではないと思う。	セルジウス「ロブにレポートを見てもらうべきだと思います。コメントしてもらえば、作っているものが正しいかどうかがわかるでしょう」	それはどうかな。ロブはこの話題に関心を持っていると思うけど、多くのステークホルダーの1人に過ぎない。
なるほど、様子を見てみよう。	ジェフリー「どうしてそう思うんですか？」	私の知らないことが何かあるのかもしれない。私はロブのチームとの以前のミーティングには参加していない。
ロブはレポートを読むことになるユーザーの上司だと思う。	セルジウス「ロブのチームも同じようなレポートを作成しているはずだし、どんな体裁にすべきかもわかっているはずです」	ロブは上司ではなく、利害関係を持って声を上げるだけのユーザーだと思う。

議論ではなく、決闘になっている。真摯な質問とは思えない。	ジェフリー「まあ、他にも興味を持っている人はいますよ。レポートは誰向けですか?」	ロブの上には実際の決定を下す経営者がいるのではないだろうか。私は、セルジウスの理解が不十分だと思う。自分の理解をテストし、まず顧客と目標が一致していることを確認しよう。
これは議論すべき問題ではないと思う。私たちはただフィードバックを得るだけで、レポートの目的について議論する必要はない。	セルジウス「運用管理者向け、システムを円滑に動かしている人たち向けですよ」	私は混乱しており、少し心配もしている。どのような問題を解決しようとしているのだろうか?
賛成できない。しかし、この点を考えれば、フィードバックを得る方法を決めることに取り掛かれるかもしれない。	ジェフリー「いいえ。予算を管理するビジネススポンサーのためのものですよ。このレポートを読んで、何をするのでしょう? そもそもなぜレポートを作るのでしょうか?」	ただ作り話をしているだけ? でっち上げ? 顧客のニーズをまったく理解していないようだ。
これは本当に脱線している。なぜ私に反対尋問をするだろう? 悪者にしたいのか? 会議から逃げ出したい。なんなら歯の根管治療でも何でもいい。	セルジウス「わかりません。スポンサーがこれを見てもなんともならないかもしれません」	スポンサーの役に立たないと? じゃあ、なぜそれを作るんだ? 私たちは、ここで本当にズレていると思う。これは、私たちが同じ考えを持っていることを確認する絶好のチャンスだ。この件に関して、一緒に時間を過ごせるのはいいことだ。

　見ての通り、ジェフリーは次々と質問することで状況の相互理解に努めているつもりでしたが、セルジウスは「煙に巻かれている」と感じ、ジェフリーに隠された意図があるのではないかとますます心配になりました。この対話はまったく意図しない副作用をもたらしました。相互理解を深めるどころか、セルジウスに不信感と恐怖心を抱かせることになったのです。

　私たちはこれを「**ペリー・メイスンの罠**」と呼んでいます。理由を説明したり、背景にある自分の見解を述べたりすることなく、立て続けに質問をしてしまうと、対話の相手を（20世紀のテレビ番組の弁護士のように）何か罠にはめようとしているように思われてしまうかもしれないのです。（「ああ！ では、あなたは鮮やかなピンクのスポーツカーに乗っていることを認めるのですね。**犯罪現場から猛スピードで去った車と一緒ですね！**」）

　この罠を避けるには自分の表向きの主張の意見表明と対話相手の表向きの主張についての問いかけを組み合わせることを目指しましょう。このことはピーター・センゲが『最強組織の法則：新時代のチームワークとは何か』（徳間書店、1995年）で提唱しています[77]。うまくやるにはかなり練習が必要なので、この2つを上手に組み合わせるためにどうアプローチしたらよいのか、例をいくつか紹介します。

- 「収入が減ってしまっているので、それに合わせて採用予算を削減しなければならないと思っています。他に意見はありますか？ 例えば、他に削減を検討できる分野はありますか、それとも、そもそも削減するという考え方がおかしいのでしょうか？」
- 「この商品を何通りの方法で提供できるでしょうか。ホーム画面と会計時のアドオンの2つを考えました。他にどんなアイデアがありますか？」
- 「いくつかのクライアントの実装が遅れていると聞いています。デリバリーチームに近いあなたは、この状況をどう見ていますか？また、どのような解決策があるでしょう？」

　意見表明と問いかけを組み合わせることには、ラッキーな副次的効果があります。対話の中に自身の観察や考えを盛り込み、推論のはしごを共有することを思い出せるのです。自分の考えを明らかにして相手の考えに興味を持つことができれば、意見の対立からより多くの価値を見出せるようになります。

5.3　準備：共同設計

5.3.1　卵を自分で入れる

ケーキミックスが発明されて間もなく、初期のメーカー[†4]が問題に気づきました。「ケーキミックスを買わない主婦[†5]が多い、これはどういうことだ？」経営者は考えました。「箱から粉を出して水を加えるだけでいいのに、計量してふるいにかけてかき混ぜるなんて面倒な作業をわざわざしたがるのはなぜだろう？」

それが原因で会社はしばらく行き詰まっていたのですが、誰かが実際に顧客に**尋ねてみよう**と思いつきました。その結果、ケーキミックスの調理法は**簡単すぎる**ことがわかったのです。自分の家族に甘くておいしいものを作っていることを誇らしく思いたいのに、ケーキミックスでは自分の出る幕がありません。パン屋に行って、棚に並んでいるケーキを買うのと変わらないように感じてしまったのです[78]。

解決策は明らかでした。粉末卵をやめ、顧客に本物の卵を割って入れてもらえばよかったのです。箱の前面[†6]に書いた「卵はご自分で入れてください」というフレーズのおかげで、顧客は本物のお菓子作りを主体的にやっているように感じられました。そして、売上は急上昇したのです[†7]。

5.3.2　より良い意思決定を促す

プロセス、見積もり、ツール、予算、さらには席順までも、話し合いをせずに中央集権的に決定しようとしているチームをよく見かけます。効率と正しさを追求するリーダーは、本質的なことを自分で決めてそれをチームに伝え、新しい計画が熱狂的に受け入れられることを期待します。でも多くの場合、ケーキミックスの顧客と同じように反応は明らかに肯定的ではなく、渋々従うならまだマシで最悪の場合は完全に拒否されます。そしてもちろん、それが最も本質的な決定、つまりチームのモチベー

[†4]　最初にこのことに気づいたのは一般的にはダンカン・ハインズだと思われていますが、最新の研究によると、実はピッツバーグの P. ダフ・アンド・サンズだそうです[79]。

[†5]　性差別的な表現についてお詫びします。これは 20 世紀半ばのことで、当時ケーキ作りをするのはほとんどが主婦であり、マーケティング担当者は顧客についてこのように話していたのです[80]。

[†6]　古いケーキミックスの箱に描かれたこの例については、https://www.thissheepisorange.com/office-psychology-let-your-people-add-an-egg/ を参照してください。

[†7]　この話はよく知られていますが、このバージョンと「卵はご自分で入れてください」という印象的なフレーズ[81]については、ジェラルド・ワインバーグの『コンサルタントの秘密：技術アドバイスの人間学』（共立出版、1991 年）を参考にしています。

ションを高める「WHY」の定義に関わる場合、破滅的な結果を招きます。

そうではなく、決断が大きくても小さくても共同設計のプロセスを使い、チームの各メンバーが「自分の卵を加える」ことができるようにしましょう。そのプロセスを紹介します。

- できるだけたくさんの人を巻き込む。
- 真摯な質問をする（2章参照）。
- 反対の意見を求める。
- 議論のタイムボックスを設定する。
- 誰が最終決定を下すかを定めて伝える（「**意思決定ルール**」[82] と呼ばれている）。

まず、前節の「表向きの主張ではなく本質的な関心事」と「意見表明と問いかけの組み合わせ」のテクニックが、共同設計の話し合いに大いに役立つことを確認してください。真摯な質問をするときは相手の答えの背後にどんな本質的な関心事があるか、耳を傾けて理解するように努めてください。また、反対の意見を求めるときは適切に意見を表明することも忘れないように。これができれば、全員が部分的であっても有益な情報を提供して意思決定に関わっていると感じられるようになるはずです。

共同設計プロセスが民主主義やコンセンサス主導のプロセスと同じである必要はありません。全員がその決定に同意する必要はなく過半数で決める必要すらないことについてあらかじめ合意しておきましょう。また、タイムボックス（議論のために設定された一定の時間）を定めておけば、終わりのない議論に没頭せずにすみます。重要なのは、**巻き込み**（「自分も意思決定に参加し、反対意見も聞いてもらえた」）と**情報の流れ**（「自分の知っていることを共有できた」）です。このプロセスに従うことでより良い決断を下せるようになり、意義のある内発的コミットメントが得られるところを何度も目にしてきています。

5.3.3 共同設計のための採点

「共同設計のための対話診断」を採点するには、上記の5つの要素に目を向けて議論の中で観察できた要素に1点ずつ加点します。「関係する人、参加可能な人を全員参加させたか？」「真摯な質問を投げかけ、自分と異なる意見を歓迎したか？」「話

し合いは、合意された制限時間と意思決定ルールの両方に従って行われたか？」5点満点中5点であれば、全員の内発的コミットメントにつながる意思決定ができたということです。

5.3.4 様々な趣向に合わせた共同設計

共同設計には様々な種類があります。グループの人数が2人でも200人でも、時間が短いミーティングでも何週間もかかるものでも、決定の規模が小さくても大きくても、共同設計は使えます。一つ例を挙げます。私たちが一緒に仕事をした15人のエンジニアチームは、リリースプロセスにミスが多く、時間がかかっていました。自動化と規律が助けになることは誰もが同意していましたし、改善後のプロセスについてもかなり良いアイデアを持っていました。新しいデプロイメントルールを設計して実装するのは簡単だったでしょう。

しかしそうはせず、ケーキミックスのレッスンを思い出して、私たちはチームを集めました。現在のプロセスをホワイトボードに描き、うまくいかないところや非効率な部分を赤でマークしました。そして、タイマーをセットしてみんなにこう告げました。

「これが現在のリリースプロセスで、うまくいっていないと言われた部分をここに挙げています。これから20分間、あらゆる変更案に耳を傾けます。この消しゴムとペンを使って、それに従って手順を更新していきます。タイマーが鳴ったら、ボードに書かれたものを新しいリリースプロセスとして発表して皆さんに試してもらいます。もし大失敗だったら2週間後にみんなにビールをおごりますよ。誰から始めますか？」

すると、あらゆる方面からアイデアが飛び込んできました。中には私たちが考えもしなかったようなアイデアもありました。私たちの知らないツールを利用するものや、品質保証やシステム管理など専門的なコンテキスト情報をいくつか利用するものもありました。さらに、既存のプロセスを正しく理解していなかったことが判明し、正しく機能させるためにはいくつかステップを追加しなければなりませんでした。ほんの数分で、私たちは自分たちだけで考え出すよりもずっと優れた設計図をボードに書き出しました。そしてその場にいた全員が、自分もその設計の一部であるかのような気分になれました。みんなで新しいシステムを熱心に導入しましたし、以前のシステムよりも実にスムーズでバグも少なかったのです。

　チームのモチベーションを高める「WHY」をうまく見極めるには、「卵を自分で入れる」ことが不可欠だと私たちは考えています。では、その方法を見てみましょう。

5.4　対話：WHYの構築

　通常、組織はどのようにして理念を定義し、戦略を決定し、大きな変革に着手するのでしょうか？　私たちの経験によれば、取締役会や少人数のリーダーグループ、あるいは数人の幹部で取り組むことが通例となっています。その際には、何らかの形で（役員会議室や社外の場所に）引きこもって、議論して熟考し、戻ってきて、ミッション・ステートメントやロードマップ、価値観の定義を提示します。そして残りの社員は恭しく受け止めて仕事に戻ることが求められます。

　ここまでの数節を真剣に読んでいれば、「このアプローチはうまくいかないと思う」と聞いても驚くことはないでしょう。一つには、決定権を持つグループはおそらく他の人なら知っている重要な情報を知らないので、その決定は大事なところで間違えている可能性が非常に高いのです。さらに、おそらく組織の他のメンバーはその決定にきちんと関わっていないため、その決定を気安く無視したりリップサービスで済ませたりするでしょう。少なくとも強く支持され、やる気を起こさせる WHY にはなれないのです。

　問題なのは、この恐ろしい閉鎖的なミーティングに代わる明白な現実的選択肢がないことです。グループのミッションを投票で決めるべきでしょうか？　それとも同意が得られるまで話し合う？　それともくじ引きにしますか？　組織のメンバーが 2、3 人を超えると、これらの選択肢はすぐに使い勝手が悪くなり、効率も下がってしまいます。

　そのため私たちは、チームの規模が小さくても大きくても、WHY を作り上げる対話に共同設計のアプローチを用いることを提唱しています。できる限り多くの人を巻き込みましょう。様々な視点を取り入れ、真摯な質問を用いて意見表明と問いかけを組み合わせてください。意思決定ルールを設け、（適切であれば）議論の時間を制限してください。

　具体的にはどのようなものになるでしょうか？　あるクライアントの例を考えてみましょう。このクライアントは、大幅な事業拡大に伴い新たな指針となる価値観を設定するために WHY を作り上げる対話に着手しました。この組織は新たな成長

フェーズに向けて会社の方向性を再設定するという全体的な目標を設定し、計画中の事業拡大の背景にあるビジネス上の推進力について説明しました。その会議には 60％以上の従業員が参加し、100 以上の価値観のリストが作成されました。その後ファシリテーターが質問を投げかけて全員の意見を聞けるようにしながら、少人数のグループで価値観について議論しました。この議論のために一定期間を設けた後、取締役会が開かれ、主要なアイデアを検討して会社のための価値観を 3 つ選定しました。

　同じ頃、社内で緊密に連携していた 2 人のプロダクトマネージャーが自分たちの「WHY」を再構築していました。私たちが 2 人に出会うまで、この 2 人はフィーチャー工場（1 章参照）で受注者として機能し、経営陣からの要望をほとんどフィルタリングもフィードバックもせずに開発者に伝えていました。2 人を暖かく励まし真摯な質問をたくさん投げかけた結果、2 人はもっと方針決めに関わる役割を担いたいと思うようになりました。

　興味深いことに、開発者や関係者を巻き込んでそれぞれの本質的な関心事に耳を傾けたことで、多くの人のアイデアをふるいにかけたうえで製品の方針を決めることをまさにチームと上司も望んでいるのだとわかりました。2 人が新しい理念に基づいて新しい製品の方向性を定義し、それに集中し始めるのに 1、2 週間しかかかりませんでした。会社の WHY にかかわる価値観と理念が全体的に刷新されたことと相まって、プロダクトマネージャーにとって製品と個人の WHY がより明確になった結果、サイクルタイムが大幅に短縮され、顧客からのフィードバックも劇的に増えて 1 カ月足らずで新製品を発売することができたのです。

WHY をめぐるボビーのストーリー（続き）

内省と改訂

　ダリウスとの対話を採点して振り返る時間だ。私は質問を 2 つしたが、いずれも労働時間をずらすべきだという私の表向きの主張を採用してもらおうとしたもので、本音というよりは誘導的なものだった。ダリウスや彼のチームに対する否定的な意見は最後に私がひどくいら立ったときにも共有しなかった。そして、誰かが私を無視したり心を閉ざしていると思ったとき、私は過剰に反応してしま

う。序盤のダリウスに対してそうだった。自分で気をつけるべき条件反射かトリガーだろう。

　共同設計に目を向けると、タイムボックスを切ったことについては 1 点つけられる。時間の都合が悪かったので議論を自然に中断させることができたからだ。しかし、それを除けばポイントは得られなかった。ダリウスのチームの他のメンバーを参加させるべきだった。さらに前述の通り真摯な質問をしなかった。また、ドキュメントに関するダリウスの意見を完全に無視した。そして、合意された意思決定ルールがなかったことも間違いない。最終的には CEO にエスカレーションしなければならないと感じたからだ。5 点満点中 1 点というのはほめられたものではない。

　自分の対話を改訂するためには、私はもっと他者理解を目指してダリウスが本当はどう考えているかを知るよう努めなければならないのだろう。ダリウスに心を開いてもらうことができればもっといい結果になるかもしれない。私は自分が拒絶されていると思うとつい大声を出してしまう。それはやめた方がいいだろう。また、ダリウスを突き動かしているものを理解することも有効だろう。例えば、なぜダリウスはコミュニケーションを増やすことに強く反対しているのだろうか？

改善後の対話

　私はダリウスに会うために飛行機に乗った。機内で対話を改訂しながら、両方の立場でロールプレイすることに努めた。到着後、私はダリウスのチームの他のメンバーも話し合いに参加してもらおうとしたがダリウスは反対した。またケンカになって出張が無駄になるのではと心配だった。

ボビーとダリウスの対話（改訂後）

ボビーの考えや感情	ボビーとダリウスの発言
私には当たり前のことのように思えるが、ダリウスが私と同じように問題を捉えているか確認しよう。	ボビー「ダリウス、ハードウェアとソフトウェアの連携に問題があったことは認めますか？」

オーケー、何か問題があることには同意した。	ダリウス「確かに、3 カ月経ってもまだ新製品をリリースできていません」
議論できるように、私の表向きの主張を共有しようと思う。	ボビー「その通りですね。私はずっと、もっと話し合うべきだと考えていました」
それはこちらのチームから言われ続けていることだ。いったいなぜこんなに難しいんだ？	ダリウス「わかっているけれど、私たちにとって非常に難しいということを理解していないようですね」
	ボビー「難しいのは時差のせいですか？」
ああ。まさかチームが言語を障壁と考えているとは。確かに英語は下手だけど、うまくなろうとしているのだと思っていた。だからこのミーティングに同行させなかったのだろう。	ダリウス「そうでもありません。そちらのスケジュールに合わせて仕事をすることができますし、そうすることもよくあります。ただ、私以外はほとんど英語を話せないんです」
ダリウスの表向きの主張をはっきりさせておこう。	ボビー「つまり、直接会っての話し合いは避けるべきだということですね？ このミーティングにチームの他のメンバーを連れてくることも含めて？」
これは以前にも聞いたな。	ダリウス「そうです。あなたの言っていることが理解できないなら、もっと話をしようとしても意味がありません。詳細な仕様を送ってくれれば、作ります」
ダリウスの表向きの主張の背後にある本質的な関心事に迫ってみよう。	ボビー「そうなんですが、どうもうまくいかないんです。なぜ『仕様書を送れ』と言うのですか？ そうすることで、何かいい結果が得られるのでしょうか？」
いいね、その本質的な関心事は間違いなく私も共有している。	ダリウス「そうすれば、ハードウェアの構築をできる限り効率的に進められます」
	ボビー「それには反論できませんね。私たち 2 人は効率に強い関心を持っているようですね。そうですか？」
CEO は確かに効率重視だ。この国で雇用するのは彼女のアイデアで、ハードウェア設計者は工場の近くにいることになる。	ダリウス「もちろんです。私たちの CEO はそれ以外のことは何も話さないようです」

いいことを思いついた。ダリウスにも受け入れてもらえるだろうか？	ボビー「うーん。仕様書が読みやすければ、もっと効率的なんでしょうか？」
確かに仕様書が改善すれば効率は上がりそうだ。	ダリウス「もちろんです。要求の意味を議論するのにかなりの時間を費やしています。でも、どうすればいいんでしょう？」
文字でのコミュニケーションにこだわった方が良さそうだけど、翻訳者がいれば理解の妨げをなくすことができるだろう。	ボビー「そうですね、技術翻訳者を雇ってドキュメントをそちらの言葉に訳してもらおうと考えています」
ああ、それは私の本質的な関心事からしても期待できそうだ。	ダリウス「いいですね！ 翻訳者がいればビデオ通話でもあなたのことを理解しやすくなりますよ」 ボビー「それは思いつきませんでした。一緒に求人広告を書きましょうか？」

　私たちは効率性という共通の本質的な関心事を持っていることがわかった。このことに集中した途端、私たちはコミュニケーションの課題に対する創造的な解決策を見出した。翻訳者は大いに助けになっている。また、ハードウェア・チームの言葉を話す新しいエンジニアを見つけ、私たちもその言葉を習っている。

5.5　WHY を作り上げる対話の例
5.5.1　テレサと技術チーム：注力する機能を選択する

　テレサはこう言います。「私は新しく雇われたエンジニアリングリーダーだ。言葉を選ばず言えば、このチームは進むべき方向をしばらくの間見失っていた。会社が技術チームに求めているのはビジネス視点での優先順位に従って機能を実現し始めることだ。そのために、新しい方向性についてチームの内発的コミットメントを得たいと考えている。そこで、私は開発者とプロダクトマネージャーを招集し WHY に焦点を当てたミーティングをすることにした」

テレサと技術チームの対話

テレサの考えや感情	テレサと技術チームの発言
まずは基本的なルールを決めよう、全員に情報を提供してほしいし、最終的にはっきりと意思決定したい。	テレサ「皆さん、お集まりいただきありがとうございます。これから1時間かけてチームの方向性を決めていきます。全員が参加しアイデアを提案してくれることを期待しています。しかし、場合によっては私が決断を下さなければならない状況もあるため、その際はご理解ください。1時間後、このホワイトボードに書かれたことが来月の私たちの方向性となります。よろしいでしょうか?」 エンジニア「はい、大丈夫です」 プロダクトマネージャー「了解です」
トピックの設定に最初からチームを参加させよう。	テレサ「では、プロダクトマネージャーたちと一緒に、私たちが検討する価値があるいくつかの項目を付箋に書き出しました。まずすべての付箋を見て、検討する価値もないと思うものがあれば教えてください。そして、他に重要な項目が抜けている場合は、自分で付箋を追加してみてください」
いいことだ。パトリックが参加してくれてうれしいよ。	パトリック「シングルサインオンを忘れていました」 テレサ「どうぞ追加してください。他にはありませんか?」
私もそう思うが、私はチームに入ったばかりなので何か見落としているかもしれない。	クエンティン「テストの自動化が上に記載されてるけれど、それはプロジェクトとして扱うものではなく、コーディングのルーティンとして取り組むべきではないでしょうか?」
意見表明と問いかけがここでは機能しているようだ。	テレサ「私もそう思いますが、他の方はどうでしょう? 多くの方が賛成のようなので、これは削除しますね。他に何か意見はありませんか?」

素晴らしい観察力だ。ロベルタが参加してくれてうれしい。	ロベルタ「ほぼ同じ内容のユーザビリティの変更が 3 つもあります」
カテゴリー分けに移ろう。	テレサ「それは正しい指摘ですね。それらを『ユーザビリティ』というカテゴリーでまとめましょう。他に適切なカテゴリーは何かありますか？」 （数分間の議論で、6 つのカテゴリーが洗い出される）
この小さなチームでは 3 つの分野まで。これは明確に設定したい制限だ。確かに、顧客離れを食い止めるにはユーザビリティの改善が必要だと思う。しかし、他のアイデアにも大いに興味がある。	テレサ「来月に取り組むために、これらの中から 3 つだけ選びたいと考えています。私としては、ユーザビリティは絶対に取り組むべきだと思いますが、残りの 2 つについて特にこだわりはありません。皆さんならどの 3 つを選びますか？ 特に私の意見に異論がある方、意見を聞かせてください」 サム「私なら自動化、オンボーディングのインポート、価格の簡略化を選びますね。これら 3 つはすべて運用コストを削減するものですから」 ロベルタ「それなら、なぜユーザビリティを選ばないんですか？」
ここで気になることがある。私が知らないだけで、コストを削減する強い理由ってあるの？	サム「簡単ですよ。コスト削減に繋がらないからです」 テレサ「他の人はどう思いますか？ 今月はコストが最優先ですか？」
私はそう感じてるけど、異論を持つ人はいないかな？	パトリック「私はそうは思いません。もちろんコスト削減も重要ですが、収益の方が今は必要です」

うーん、100 万ドルを集めたばかりなのに。これが正しい選択かどうか疑問だ。	サム「資金の節約は常に考えるべきです。会社は資金がない状態で運営を続けることはできません」
	ロベルタ「CEO は昨日、見込み客を取り込むことの重要性を話していました。見込み客が製品やサービスを使ってもらうためには、ユーザビリティの問題や面倒な操作が少ないことが重要だと私たちは全員感じています」
自分たちが正しい方向に進めるよう、決定を下す時間だ。	テレサ「これはとても良い議論ですね。申し訳ないけどサム、純粋にコスト削減を目的とした取り組み、例えば自動化は今月は見送りましょう。 （自動化の付箋を取り除いた） 今の私たちの目標は新しいセールスを増やすこと。そのためなら、少しのコストは我慢しても良いと考えています」
	クエンティン「インポート機能についてはどう思いますか？ インポートは顧客のコンバージョンをサポートし、同時にオペレーターのセットアップ作業を大変スムーズにします」
	テレサ「とても良い案ですね！ サム、どう思いますか？」

　テレサはこのように 1 時間を過ごしました。最終的には全員が一致したわけではありませんが、グループが行った選択の「背後にある理由」をみんなが理解していました。ボードに残った 3 つの重点領域に向けて取り組む意志が固まっており、他が一時的に取り上げられない理由についても、異なる意見を持ちながらも理解していました。テレサは、質問を用いながら意見表明と問いかけをバランスよく組み合わせ、情報が自由に行き来する環境を築きました。会議の冒頭で明確にした制限時間と意思決定のルールにより、迅速に結論が導かれました。チームは次のステップに進む準備ができています！

5.5.2 テレンス、バリー、ビクター：製品開発の方針を変える

テレンスはこう言います。「私はカジュアルオンラインゲーム部門のプロダクトマネージャーだ。私は新しいゲーム開発に向けた新しい計画を経営陣に発表したばかりだ。その後、CEO のバリーとチーフデザイナーのビクターが部屋に残って、さらに3人で話し合いをすることになった。これは良い兆しではない…」

テレンス、バリー、ビクターの対話

テレンスの考えや感情	テレンス、バリー、ビクターの発言
「プロセスをもっとシンプルにしてくれ」と言われると思っていたのに！	ビクター「新しいゲームの開発プロセスを自動化するべきではありません！」
バリーも同意するとは思っていなかった。これは大変だ。	バリー「そう、あなたの計画は操作性と品質を危険にさらすことになります」
意見表明しつつ問いかけをして、どう対応すべか見極めよう。	テレンス「ちょっと待ってください、私は混乱しています。製品設計をシンプルにした方が、イテレーションをやりやすくなると考えていました。何か見落としていることがありますか？」
	ビクター「確かに、私たちはデザインプロセスをもっと良くしたいですが、ゲーム全体を一気にデプロイするボタンのようなものは必要ありません」
問いかけを続けよう。2人の本質的な関心事はどこにあるんだろう？	テレンス「まだ混乱しています。ゲームの公開は実際の顧客に対してではなく、社内に対してだけです。そうすれば、テストや改善がもっと迅速に進むようになるのではないですか？」
ああ、そこが核心なんだ。	バリー「はい、その通りですが、私たちにとって重要なのはオフラインでのストーリーボードと実験です。あなたの提案したボタンは、アーティストやプログラマに早すぎる段階でコードやデザインにコミットするよう促すことになります」

デザイナーたちがオフラインで作業したいとは知らなかった。	テレンス「なるほど。つまり、現在のプロセスはもっと速くできるかもしれませんが、ゆっくりすることに意味があるということですね」 ビクター「そうですね。初期段階ではゲームの感覚をつかむ必要があります」 バリー「クリエイティブ部門の承認が出た後なら、スピードを上げて自動化することができますよ」
私の新しい理解を確認してもらおう。デザイナーではなく、オペレーターのための自動化を望んでいる、ということだよね？	テレンス「なるほど、私たちは新しいゲームをデプロイする際の単調な作業を排除したいという意見は共有していますが、最初のクリエイティブなフェーズはオフラインでゆっくりと取り組むべき、ということですね」 ビクター「その通りです。他の競合との違いは、相手が週に 2、3 本の質の低いゲームを急いでリリースするのに対し、私たちはデザインに時間をかけていることです」
なるほど。オフラインでの作業の必要性を見逃していたが、自動化の価値については理解していた。	バリー「最初に伝えておきたいのですが、コストや遅延は減らすべきです。でも、面白さや独自性を犠牲にするわけにはいきません」
わかった、ここで一つ提案してみよう。この提案は自動化を役立てる方向性と整合しているだろうか？	テレンス「確かに、質を量より重視するという点には完全に同意します。新しいデプロイメントメカニズムを利用することはできますが、クリエイティブ部門ではなくオペレーション部門だけに限定する、というのはどうでしょう？」 ビクター「私はそれで構いません。ただ、デザイナーたちは巻き込まないでくださいね」

バリーは品質を犠牲にせずにコストを削減できるということを理解してくれている。	バリー「自動化することで、システム管理者がスクリプトを手動で実行する際の手間を減らせる、ってことですよね？」
	テレンス「その通りです。今日の午後中に修正した計画を提出します」

　テレンスは自分の WHY が経営陣と一致していると思っていましたが、実はそうではないことが突然わかりました。テレンスは共通している本質的な関心事に集中し、意見表明と問いかけを続け、最終的にどこでズレているのかを突き止めました。そして 3 人は、ゲームデザインプロセスにおける自動化の適切な位置づけについて認識を合わせることができたのです。

5.6　ケーススタディ：「WHY」に行き詰まる
5.6.1　知識の海

　ミシェルは今やデータの海を泳いでいました。小さなスタートアップで数年間、たいして顧客もいないところで働いた後、世界中に数百万人のユーザーを抱える世界最大級のマーケットプレイスのチームに加わりました。プロダクトマネージャーの職場としてはこれまでと天国と地獄ほど違います。もうユーザーをなだめすかしてリサーチセッションに参加させたり直感と祈りだけで新機能をリリースすることはありません。今ならデータを簡単に参照して実際のクリックや有料ユーザーの購入に基づく改善の機会を見つけることができます。

　1 週間のオリエンテーションを終えた数日後、ミシェルは提供される多種多様な商品を調査し始めました。広く利用されている小売サービスによく見られる通り、「クジラ」と呼ばれる一部の商品は非常に人気があり、一方で「ロングテール」と呼ばれる需要の低い商品は、単体ではあまり購入されないものの、合計するとクジラ商品を上回っていました。ミシェルは浮かび上がってきたパターンや仮説に基づき、商品データベースを何度も分類して検索しました。

　同時に、経験豊富なエンジニアたちからなる小さなチームとも関係を深めました。チームとのつきあいはまだ長くありませんでしたが、メンバー同士が互いに密接に協力しており、高い信頼の下で効果的に機能していることがわかりました。事実、サー

ビスが非常に注目されているにも関わらず、レコメンデーションエンジンといったコアコンポーネントに大胆な変更を加え、それがうまくいかなければ即座に元に戻す姿勢にミシェルは驚かされました。「ここはまさに私の好みの場所だ。すぐにでも改善を加えられる」とミシェルは思いました。

5.6.2　予期せぬ挑戦

ミシェルはあるはっきりとした仮説を思いつきました。どの検索結果もある事実を指し示しているように思えたのです。商品には重複が多いのではないでしょうか。その理由として、商品情報は一般のユーザーが入力しており、それに対するチェックはごく簡単なものだけだったからです。ある人が「レッド」と呼ぶものを別の人は「バーガンディ」や「チェリー」として登録するかもしれません。この仮説はローカルの集約データベースのクエリだけで確認するのは困難でした。しかし、ペタバイトサイズの実データセットで検証するためにはエンジニアが大規模なサーバーファームで関数を書いて実行する必要があります。

しかし、それが事実だとしたら、商品の組み合わせや売上の大幅な向上、さらにはより効果的なマーケティングや商品の提案など、多くの新しいチャンスを生むことができるでしょう。ミシェルは自信満々でエンジニアたちの方へと進んでいきました。

「ねえ、アラン」ミシェルはランチを取っていた話しやすそうな開発者に声をかけました。「重複している商品を探すために大掛かりなクエリを実行したいのです。これがローカルでの取り組みの詳細です。このリクエストをバックログに追加して、そう、例えば今週後半にでも実行できますか？」

アランは食事を中断し、ミシェルを疑わしげに見つめて尋ねました。「どうしてですか？」

「えっと、」ミシェルは答えました。「もし同じ商品を組み合わせることができれば、お勧めする商品を…」

「それが聞きたいわけじゃありません」とアランは言いました。「私が聞いたのは『なぜ？』です」

「それを言おうとしているんです。何が重複しているかわかれば、それらをまとめることができて…」

アランはミシェルに向かってピザを振り、ミシェルは混乱して話を止めました。「あなたは私の言っていることを聞いていないようですね。なぜ重複を調査する必要

があるのか、その理由が知りたいのです」

「重複している商品が判明すれば、私たちはそれらを修正できます！ それは明らかでしょう？」

「いいえ」アランは言いました。「そうじゃありません。この作業の価値が何であるか、あなたがはっきりと説明できるまで、私はこの作業には取り組みません」 アランは最後の一口を食べ終え、エディターを開いてキーボードを叩き始めました。対話は明らかに終了していました。

ミシェルは驚きました。開発者からこれほど直接的に異議を唱えられたことはなかったのです。ただ、アランの言葉について考えたとき、アランの方が正しいのかもしれないと思わざるを得ませんでした。ミシェルは重複を修正することが現時点でアランがやっている作業よりもなぜ価値があるのか、はっきりと説明できませんでした。ただ自分にとってそれが自然に思えただけでした。ミシェルは説得力のある理由を見つける決意をしました。

5.6.3 WHYの勝利

ミシェルは自分のデスクに戻り、アランの質問について考え始めました。「わざと重複させるようなシステムを設計したわけではないでしょう？」ミシェルはそう思いました。でも重複があっても無害かもしれないし、代わりの修正点よりも販売に与える悪影響は少ないのかもしれません。エンジニアの助けを必要とする高コストなクエリを実行せずに、そのケースが違うことをどうやって証明できるでしょうか？

そこでミシェルはあるアイデアを思いつきました。上位50位の「クジラ」商品はマーケットプレイスの収益の大部分を占めているため、その販売データを自分のノートパソコンに保存していたのです。それらの商品の中で一つでも重複があった場合どうだろうか？ 手元の紙でさっと計算をしてみると、ミシェルが疑っていたことを確認できました。かなり控えめに重複率を見積もっても、最も人気のあるいくつかの商品のレコードを統合するだけでチームの四半期全体の目標を上回る利益増加が見込めるのです。

ミシェルはアランのところに走って戻り、計算結果が書かれたメモをキーボードの上に置きました。「見てください！ これが、クエリが必要な理由です」とミシェルは力強く言いました。

アランはメモを読み、ミシェルを見上げました。「これは本当に正しい結果なんで

すか？」アランは驚いて尋ねました。「本当なら、なぜ今まで誰もこの問題に取り組んでいなかったんでしょう？」

「誰もチェックしようとは思いつかなかったんだと思います」とミシェルは答えました。「こんな説明でいいですか？」

「ばっちりです！」とアランは満面の笑みで答えました。「現在のプロジェクトは一旦保留して、今日中にこのクエリを実行しますよ」

結果として、アランは重要な重複を見つけただけでなく、すぐに対処できるいくつかの問題と解決策も見つけました。エンジニアたちは全方位からコーディング、テスト、そして変更のデプロイメントに取り組み、収益と顧客満足度はすぐに向上しました。今では会社には重複作業に専念するチームがあり、ミシェルとアランが予想した利益が維持されるようにしています。それもすべてはミシェルとアランが一緒になって、動機となる刺激的な「WHY」を見つけることができたからです。

5.7　結論：WHY を作り上げる対話を実際にやってみる

本章では、**表向きの主張**から**本質的な関心事**へと論点を移すことで対話を解きほぐす方法、**意見表明と問いかけを組み合わせる**ことで自己開示と他者理解を重視して対話を前に進める方法、チームと**共同で意思決定を行う**方法、そしてこうしたテクニックを使って、チームがどのような WHY に基づいて動機づけられ、そこにコミットしているのかを見極める方法についても学びました。共同設計した WHY によって団結することで、あなたは同僚とダラダラと話をするのではなく建設的な論争ができるようになります。WHY を作り上げる対話は次のような様々な方法で活用できます。

- **エグゼクティブリーダー**はチームの理念や組織の目標に対する技術や製品の貢献について、独りでは思いつかないことを探求できます。
- **チームリーダー**は何を省略するか、そしてどの機能を優先するかといったトピックについてチームに説明する際、チームと会社の目標に関する共通理解に基づいて自分の意思決定を伝えられます。
- **メンバー**はテストやデプロイメント、コーディングの経験をチームのプロセスや方向性の変更に活かすことができ、自身や他の人の内発的コミットメントを通じてより良い決定を下すことができます。

6章
コミットメントを行う対話

　これからは本書で初めて、物事をうまく進める方法についてお話しします。本章で紹介するスキルを使うことで、効果的で信頼できるコミットメントをチームから引き出すことができます。問題を抱えたチームを診断するとき、通常は物事を進める方法が最初の懸念事項となります。「プロセスが肥大化し、スピードが落ちている」、「ユーザーは何カ月も改善を見ていない」、「大したことができない」と。それでは、なぜ本書ではここまでこの問題に取り組んでこなかったのでしょうか?

　詳しくはこれから説明しますが、後回しにしてきた理由はまず「信頼」を築き、「不安」を減らし、「WHY」に合意していなければ、どんなに物事がうまく進んだとしてもたどり着く目的地は間違ったものになってしまうからです。これはまさに1章で説明したソフトウェア工場の負けパターンです。「綿密な計画と厳格な責任分担を実行することで、正確にコントロールできている」と錯覚してしまいますが、実際のデリバリーはチームの潜在能力をはるかに下回ります。経営者はとても正確な計画を立てたはずなのにデリバリーできないことに困惑し、チームリーダーはチームに説明できない無理な納期を守ろうと奔走し、メンバーは遅くまで残業(下手をすれば休日出勤)をすることに恐怖を感じます。もしかしたら、職を変えようと思うかもしれません。

　でも安心してください。本章までの教訓を活用すれば、この章のテクニックを使いこなす準備は整っているのです。その結果、熱狂的で自律的なチームに歓迎されるような効果的で信頼性の高いコミットメントを行えるようになります。こうした手法を身につければ、次のことができるようになります。

- 重要なキーワードを見極め、これらの**重要な要素の意味について合意**し、チームのコミットメントを全員が同じように理解できるようにする。

- **ウォーキング・スケルトン**を使用してコミットメントに至る一連の枠組みを提供し、それぞれに対する進捗状況を示す。

- これらのテクニックを前の章のツールやテクニックと組み合わせることで、よくある落とし穴を避けながら**コミットメントを定義して合意する**。

6.1　コンプライアンス対コミットメント

「コミットメントを行う前に、新しいツールのスコープを明確にして調査できたことがとてもよかったです」とビアンカは言います。ビアンカは私たちが知っているチームのシステム管理者であり、この時は新しいコンテナ管理システムを導入したふりかえりをしていました。この時のダウンタイムはこれまでで最も短く済ませることができていました。「何をしなければならないか、そしてどのようにアプローチしたらいいか、私たちはわかっていました。そのおかげでデリバリーにコミットできましたし、新しいシステムは素晴らしいものでした」

別のチームの開発者であるカルロスは上司がアジャイル手法を採用しようと旗振りするのを冷たく見ています。「上司は私たちに仕事のやり方を変えてほしいと言います。でも本当は納期を守ることしか考えていません。言われた通りにやりますが、2カ月も経たないうちに危機的な状況に陥り、このアジャイルなんてものはすべてどこかに行ってしまうでしょう」 カルロスは計画に従って、ペア作業、テスト、見積もりに関するトレーニングに参加していますが、日々の仕事の習慣を変えるつもりはまったくありません。

ビアンカのコメントを読めば、ビアンカの参加したコミットメントを行う対話がうまくいっていたことがわかります。コミットメントを行う対話とは、プロジェクトが「完了」することの意味とプロジェクトを完了させる方法について全員で定義を共有し、それにコミットする対話です。ビアンカは自分が何に参画しているのかをわかっており、コンテナシステムを切り替える決断の一端を担っていました。一方、カルロスの上司は、自分で決断を下し、アジャイル手法を使い始めるよう命令を下しただけでした。ビアンカは自分のチームの新しいプロセスを支持していますが、カルロスは上司のプロセスに従わなくてよくなるまで待っているだけです。

　「コミットメント」という言葉はよく耳にします。多くの場合、チームがコミットしているのは期日ですが、別のコミットメントもあります。ある経営者はプロフェッショナリズムや誠実さといった抽象的な理想や価値観にコミットするよう部下たちに求めるかもしれません。管理部門であれば「5営業日以内に業務手順の文書を作成する」といった、きわめて具体的な行動にコミットするよう指示を出すこともあります。私たち自身「同意しなくても、コミットする」意思があるかどうかを相手に尋ねたことがあります。なぜこのようなコミットメントを求めるのでしょう？

　それはコンプライアンスという言葉を避けたいからです。

　コンプライアンスとは言われた通りにすることです。これは一見、悪いことではないように思えます。結局のところ、多くの職場ではコンプライアンスこそが望ましい行動であり、それがあってはじめて安定した効率的なプロセスを円滑に運営することができます。しかし、コンプライアンスではうまくいかないこともあります。プロセスが安定していないときや創造性が必要なとき、チームが未知の障壁を見極めて克服する必要があるときなどです。つまり、新しいチャレンジによって新しいビジネス価値を創造する必要があるときであり、まさにアジャイル、リーン、DevOps ソフトウェア開発手法が出番となる状況です。

　コミットメントなきコンプライアンスとは、ただ流れに身を任せることです。傍目には同じように見えるかもしれませんが、一緒に働いていれば何かが欠けているとわかります。コンプライアンスとは繕うことであり、コミットメントとは全身全霊を注ぐことです。コンプライアンスとは席を埋めることであり、コミットメントとは参加することです。日々のルーティンワークをこなすだけならコンプライアンスで十分かもしれません。しかし変化を起こして改善し、卓越した成果を残すには不十分です。後者を目指すならコミットメントが必要です。

　では、コミットメントはどこから生まれるのでしょうか？　人は様々な個人的な理由でコミットメントすることができます。誰かが個人的に経験した問題のせいで、コミットメントが生まれることもあります。ジェフリーがテストのトレーニングをしていたある開発者は、土壇場でバグを修正するよりも金曜日に定時に帰れることがモチベーションだと言っていました。別の人にとってはスキルを習得することが大切です。あるスキルが有能なプロフェッショナルと呼ばれるには欠かせないと信じ、そのスキルを身につけようとするのです。こうした内面にある個人的なコミットメントの源泉は重要です。しかし性質上、その源泉に基づいて計画を立てたりその源泉に

頼ったりするのは適切とは言えません。チームの中には共感する人もいるかもしれません。でも安心してください。あらゆるチーム、あらゆる個人でコミットメントを目指すための王道があります。これから見ていくように、コミットメントを行う対話をすればよいのです。

　コミットメントを行う対話をうまくやるにはこれまで説明してきた他の対話の基盤が必要です。

- チーム内で**信頼を築けていなければ**、カルロスのようにうわべだけプロセスに従うだけで実際には何も変えないでしょう。コミットメントを求める人と解 釈（ストーリー）が一致していなければ、カルロスの仲間たちは皮肉な信念と非建設的な行動を根底に置いてしまいます。そして「この結果を達成するために一生懸命やっても次はもっと頑張れと言われるだけだ」と愚痴をこぼすでしょう。

- もしあなたのチームがコミットメントを果たせなかった場合の影響について**計り知れない不安**を抱いているなら、極端なほどにリスクを回避して一字一句命令に従うようになるでしょう。そうしておけば物事がうまくいかなくても当人の責任ではないのです。誰かが頓珍漢なことをするように言ったのですから。このような心理的防衛策を選ぶ人にとって、マイクロマネージャーは完璧な解決策です。細かい指示を出すのが好きな人がいれば、正確に指示されるのが好きな人もいます。この組み合わせはあまりいい結果になりませんが、転がっていくことはできます。当てもなく。

- そして、もしあなたのチームがコミットメントの **WHY を設計することから外されて**しまっていたら、メンバーは WHY を完全に理解することも心から信じることもできないでしょう。提案書を議論の俎上に載せて弱点やエッジケースをすべて見つける機会がなければ、一体どうしてその計画が今後の困難を乗り切り成果をもたらすものだと信用できるのでしょうか？「上司から下りてきたものに従い、失敗するのを待つ方がはるかに安全だ」と言われてしまうでしょう。

　しかし、こうした障壁をすべて乗り越えたら、コミットメントを行う対話の準備は整ったことになります。

コミットメントをめぐるマンディのストーリー

　私はマンディ、中堅ソフトウェア会社のプロダクトマネージャーだ。私たちのデベロッパーリレーションチームは高いスキルを誇っており、マーケティング部門が販売を心待ちにしている新しい API（アプリケーションプログラミングインターフェイス：プログラマが私たちのサービスとのインタラクションを自動化するための方法）を構築している。前回のスプリントプランニングセッションで、私はマーケティング部門を助けるためにチームに納期の見積もりをさせようとした。この対話を記録して診断することで私とチームが確固とした納期について合意してコミットメントできるようにすべきだと思う。

マンディと開発者の対話

まず右側を読み、それから戻って右から左へ読んでください。

マンディの考えや感情	マンディと開発者の発言
誰もがこれを待っている。バージョン 1 は老朽化している。	マンディ「オーケー！ 次の見積もり項目は API のバージョン 2 です」
まずいな。	ジーク「どれくらいかかるかは見当もつきません」
マーケティングキャンペーンより先にできると思っていたのに。うまく行かなそうなのか？	マンディ「本当ですか？ このスプリントで終わらせる予定だと思っていました」
まったく意味がわからない。	グザヴィエ「それはあり得ません。基礎となるデータがバリデーションに通らないことがわかったばかりなんです」
どの顧客も使っているのであれば、データはきちんとしていないと。	マンディ「本当ですか？ じゃあ、バージョン 1 はどうなってるんですか？」
新しい API でまっさらなデータを提供する必要が本当にあるのだろうか。顧客の多くにはすでにクリーンアップスクリプトがある。	ウォルター「バージョン 1 ではデータが保証されていません。でも、バージョン 2 では保証しないといけません」

バージョン2はちょっとした整理でそれが遅れているだけだと思っていた。なぜもっと複雑になるんだろう？	ザビエル「複雑なテストケースもたくさんあります。いくつか試してみないと見積もりもできません」
思ったより時間がかかるとしても、とにかく何らかのコミットメントを引き出すことはできるかもしれない。	マンディ「では、実際にいつまでに準備できると思いますか？」
そんなことが許されるはずがない。	ジーク「わかりません。不確定要素が多すぎます」
本当に困った。こんなことは誰にも言えない。	マンディ「本当ですか？　マーケティング部門が困ってしまいます」

　いつもスプリント前のミーティングでやっている簡単な見積もりだと思っていたのだけど、とんでもなかった！　チームは新バージョンに否定的なようで、完成させるのが難しいと考えているなんて思わなかった。見積もりがないとマーケティングのスケジュールがめちゃくちゃになる。計画を立てるためにコミットメントしてもらう必要があるのだが、開発者にはそれがわからないのだろうか？

6.2　準備：意味について合意する

　ジェフリーはきわめてわかりやすいことを言っているつもりでした。「新しいログイン画面は金曜日までにできますか？」これが月曜日の朝のプランニングセッションでのジェフリーの台詞です。「もちろんです。5日と見積もっているので、それまでにできない理由はありません」と開発者は答えました。

　翌月曜日、グループは先週の進捗状況を確認しました。「新しいログインページは本番稼働していないようですね」とジェフリーは言いました。「なぜ予定通り金曜日にできなかったんですか？」

　「しかし、計画したことはきちんとやり遂げました」と、答えが返ってきました。「コードはできていて、すべてのテストケースで動作しています。シングルサインオンの統合がうまくいかなくて、カスタマーチームが見てくれているので今だけ無効に

しています。調査は終わりましたので、あとは有効にするだけです」　このやりとりを見ると今回のコミットメントに典型的な問題があったことがわかります。何をもって完了というのか合意していなかったのです。

実はチームは以前、とてもシンプルな形で「コミットメントを行う対話」をしていたのですが、その時にジェフリーはきちんと準備していませんでした。ジェフリーは「完了」という言葉の意味を理解していましたが、はっきりしていたのは頭の中だけでした。ジェフリーがすべきだったのは、自分がコミットメントから何を得たいのかについて自分の考えを整理して表現することでした。ジェフリーが知りたかったのは「金曜日に本番でこの機能を使えるか？」ということでした。ただ実際に尋ねたのは「これは完成するのか？」でした。最初にもっと具体的な質問を投げかけるか、あるいは続けて「5日後、顧客は何を使えるようになるのでしょうか？」と質問した方がよかったでしょう。

このような誤解を解くために私たちが提案するのは、コミットメントを行う対話を行う前や対話中に、相手と慎重かつはっきりと言葉を合わせることです。ロジャー・シュワルツが『Smart Leaders, Smarter Teams: How You and Your Team Get Unstuck to Get Results』で述べているように、「具体例を用いて、重要な言葉の意味について合意する」べきです [83]。この考え方はどのような慎重を要する対話でも役に立ちますが、コミットメントについて議論するときには特にそうです。誤解の代償が非常に大きくなる可能性があるからです。自分たちが何にコミットしているのかを明確にしない限り、どんな誤解も露呈するまで明らかにならないかもしれません。数週間後かもしれないし、数カ月後かもしれない。その間、無駄な努力をたくさんすることになるでしょう。ジェフリーと彼のチームがまさにそうでした。

ジェフリーのケースで、チームが唯一の公的な「完了の定義」（DoD、特にスクラムチームで使われるアジャイルプラクティス）に合意すべきだとは**言っていない**ことに注意してください。確かに「完了の定義」はきわめて役に立ち、ジェフリーとチームの助けになったかもしれませんが、コミットメントに関するミスコミュニケーションへの保証にはなりません。例えば、チームが「完了」を「すべてのユニットテストに合格し、プロダクトマネージャーが機能を検証し、コードが本番環境にあること」と定義していたかもしれません。そしてこの定義に従えばログイン画面は**確かに**完了していたでしょう。いつものように問題は対人関係にあったのです。すなわち、ジェフリーが質問した瞬間の「完了」の考え方は開発者の考え方とは異なっていました。

このようなズレを明らかにするためには「『完了した』とは具体的にどういう意味ですか?」といった質問をするしかありません[†1]。

「完了」は重要な言葉です。そのため、意味についてコミットメントを行う対話で議論して明確にしておきたいと思うでしょう。複雑なソフトウェア機能(例えば価格計算)に期待されるふるまいを定義するのは非常に困難です。「1 平方メートルあたり5 ドル、ただし、御影石仕上げは6 ドル。会員割引は10 %、ただし木曜日はすべて15 %引き。そして…」特殊ケースを見逃したり細部に気を取られたりするのはよくあることです。これについては幸いなことに、ゴイコ・アジッチの「実例による仕様(SBE:Specification by Example)」[85] のようなテクニックがあります。実例による仕様では機能の具体的な使用例に基づいて体系的かつ効率的に議論するための方法が示されており、その機能がどのように動作するべきかについて完全に認識を合わせられます。

また、プロセスや組織文化の変革に対するコミットメントを求める場合には、具体的な例を用いて言葉の意味を一致させることがより一層重要になります。ソファーサウンズという世界中の何百もの都市でハウスコンサートを開催しているスタートアップでは、「DIY(Do it yourself)」の意味をめぐる難題を抱えていました。最初のうちは、参加者たちはイベント運営をサポートするために投げ銭をしていて、ミュージシャンたちのパフォーマンスにギャラはありませんでした。とてもカジュアルな自分たちで作り上げる(DIY)体験だったと言えます。のちに定額制に移行して Airbnb と提携してチケットを販売するようになったとき、同社は広く分散したコミュニティに対して DIY 精神への継続的なコミットメントを伝えようとしました。しかし、この言葉は多くのアーティストにとって同じ意味を持ちませんでした。自分たちが安いギャラでパフォーマンスをしている一方で、多額のチケット収入が遠く離れた中央の事務所に入ることを想像していたのです。もはや「自分たちでやろう」ではなく「**奴らのためにやる**」になってしまっていました。ソファーサウンズがイベントの収入と支出の詳細な例を公開したことで、ようやく反対意見はなくなりました。収入が主にプロモーションや機材の改良といった地元での活動に費やされていることを示すこ

[†1]　私たちは脳内で「完了」のような概念が概念がうまく定義できないことについては、それを示す確かな心理学的研究があります。具体例を示してはじめて、その意味を確認できるのです。例えば、10 人に「時計は家具か否か」と尋ねてみましょう。様々な答えが返ってくるでしょう! 詳しくはグレゴリー・マーフィーの『The Big Book of Concepts』を参照してください [84]。

とで、イベントが依然として DIY であることが伝わったのです。そしてその理解を共有することで出演者のショーへのコミットメントを取り戻すことができたのでした [86]。

　したがって、コミットメントを行う対話を準備する際にはどのような言葉や概念が誤解を招きやすいかを検討し、それについて明確かつ詳細にチームと話し合いましょう。必要であれば、重要な語句の定義について合意した用語集やポスターを作成しましょう。そしてコミットメントを行う対話の冒頭には重要な語句の定義を再確認しましょう。

6.2.1　同意の採点：意味共有分数

　自分たちが言葉の意味についてうまく合意できているかを採点したい場合は、対話の中で最も重要な単語を丸で囲み、あなたと対話パートナーがそれぞれの単語の定義について認識が揃っているか確認したかどうかをチェックしてください。通常、ここで言う重要な単語には議論している活動の主要な要素を示す名詞（「ユーザー」、「価格」、「好み」、「サブスクリプション」）や、それらの要素がどのように相互作用するかを示す動詞や形容詞（「安全」、「有効」、「認証」、「購入」）が含まれます。重要な単語の総数（分母）に対して、意味について認識合わせができた単語の数（分子）で分数を作ります。

$$\frac{\text{意味について認識合わせができた単語}}{\text{重要な単語}}$$

6.3　準備：ウォーキング・スケルトン

　約束というものは薄っぺらくて、交わすのも簡単なら破るのも簡単です。コミットメントは約束以上のものでなければなりません。知識に基づき自信を持って取り交わし、創造性とスキルを用いて実行しなければならないのです。コミットメントに対する自信を強めたければ、するべきことは 2 つだけです。ひとつひとつのコミットメントをできるだけ小さくすること、そして小さなコミットメントを何度でも簡単に実行できるフレームワークを使うことです。ウォーキング・スケルトンのテクニックを用いれば、どちらも実現できます。

　「ウォーキング・スケルトン」という言葉は 1990 年代にアリスター・コーバーンが

反復的なデリバリーに早くから取り組んでいたチームによく見られるパターンを説明するために作りました。『アジャイルソフトウェア開発』（ピアソン・エデュケーション、2002 年）の中で、コーバーンはあるプロジェクトのデザイナーから聞いた話を書いています。

> ある大規模なプロジェクトでは、リング型の経路を通じてメッセージを受け渡しするシステム構成となっていました。私はもう 1 人の技術責任者と最初の 1 週間でシステムを接続し、空のメッセージを渡せるようにしました。こうすることで少なくともリングは動くようになったのです。
>
> そして、その週に新しいメッセージが増えたりメッセージ処理が追加されたりしても、週末にはリングは壊れることなくそれまでに作ったすべてのメッセージが正しく通るようにしておかなければいけないと決めました。こうすることできちんと制御しながらシステムを成長させ、別々のチームの同期を保つことができたのです [87]。

メッセージを伝える「リング」が、ここでのウォーキング・スケルトンです。本物の骨格と同じく、システムに意味のある構造が与えられ、そこから最終的にどのような形が意図されているかを見て取れるようになります。骨格を見れば、詳細は不明でも魚とカエルのどちらなのかは見極められるでしょう。そして上記のリングシステムの説明を読めば、ある種のインターネットを通じたネットワーク通信を伴うものだとすぐに判断できます。しかし人体の骨格とは異なり、リング・システムが「歩いている」と言えるのはメッセージの受け渡しという機能を実際に果たしているからです。最初は些細なものであったとしてもです。

ウォーキング・スケルトンの持つ構造と機能に関する特徴を考えると、コミットメントをどう書いてどう伝えれば良いのかがわかります。「金曜日までに支払メッセージをリングに通す。ただし、入力チェックは未実装かもしれない」そして加える変更をなるべく小さく、すぐにデリバリーできるものにしましょう。空のメッセージから始め、徐々に中身を増やしてメッセージの種類や経路を追加していけば、最終的にシステムを完成させることができるのです。

現代のソフトウェアデザインにおいてウォーキング・スケルトンはクライアントサイドのインターフェイスとして（ブラウザで表示されることが多い）、データベース

とサードパーティとうまく統合したきわめてシンプルなバックエンドシステムと連携します。例えば、ロンドンを拠点とするスタートアップのアンメイドは、アパレル企業がカスタマイズ可能な衣服を販売できるように小売や製造業務と統合するソフトウェアを提供しています。最近のプロジェクトでは、同社のウォーキング・スケルトンはユーザーインターフェイスを簡素化していて（カラーピッカーがいくつかあるだけ）、サイズやフィット感などのパラメータを固定した単一のフォーマットでアパレルメーカーに送信する基本的な出力ファイルを備えていました。これほどシンプルだったにもかかわらず、ユーザーが選んだ色で実際の服を作るにはこれで十分だったのです。このシンプルなインターフェイスから始めて、スプリントごとにカスタマイズやサイズ、フォーマットをどんどん追加していき、服のバリエーションは広がっていきました。最終的に、プロジェクトは予定通りにデリバリーされたのです。

とはいえ、ウォーキング・スケルトンを作る際には制約が 2 つあります。

1. 手足を省略しないこと。不完全な骨格は、役に立たないどころの騒ぎではない。

アンメイドのシステムが、例えばカスタマイズの選択肢や出力ファイルを作成する機能を完全に省いていたら、実際のシャツやパンツを作ることができず、自社のコミットメントを示すフレームワークとしては何の役にも立たなかったでしょう。社内外の顧客が実物を見たり着たりできなければ、デリバリーの度に付加価値がもたらされてコミットメントが満たされていることをどうやって確認することができたでしょうか？

2. ウォーキング・スケルトンと最小限の実用製品（MVP）を混同しないこと。

ワンサイズしか扱っていない店では誰も買わないでしょうから、アンメイドのスケルトンのバージョン 1 が実際のビジネスに使えたかはだいぶ疑わしいものでした。しかし、最終的なソフトウェアシステムのコンポーネントはすべてうまく機能しており、絶大な信頼を生み出して最終的なゴールに到達するための素晴らしい仕組みとなっていました。スケルトンに機能を追加していく過程でMVP を作成して使いたいと思うかもしれませんが、最初のスケルトンはもっとシンプルなもので構いません。

ソフトウェア以外のコミットメントについてはどうでしょう？　ウォーキング・スケルトンは適切に手を加えればここでも役に立ちます。一般的な DevOps のパターン

では、まずシステムの特性（例えばメモリ使用量）に関するモニタリングと情報の公開を始め、これをウォーキング・スケルトンとして利用し、小さなコミットメントを重ねながらそのメトリックを徐々に5%、10%といった具合に削減していきます。もうひとつ例を挙げましょう。私たちは月1回のマネジメント研究会をウォーキング・スケルトンとして利用しました。それぞれが新しいマネジメント方法を調査して徐々に導入していく際に、研究会のセッションでお互いの進捗状況を評価したのでした。

傾いたスライダー

図6-1の「傾いたスライダー」が示しているのは、コミットメントを行う際には完全な予測可能性と生産性の間でトレードオフが行われるということです。高度な予測を誇る組織の例としてはNASAが挙げられます。NASAは惑星や衛星の運動が原因で生じる厳しい期限内に信頼性と安全性を高度に兼ね備えたソフトウェアを提供していますが、生産性は一般の開発者に比べると氷河期のようで、開発者1人あたり年間数百行しかコードを書きません[88]。

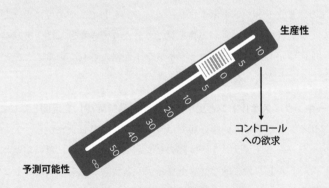

図6-1　傾いたスライダー

　対照的に、小さな開発チームを抱えた立ち上げ前のスタートアップはきわめて高い生産性を実現しています。プロセスをほとんど必要とせず、ユーザーを困らせることを恐れずに（まだユーザーがいないので）、優先順位を変えることができるからです。しかし、このようなスタートアップはロードマップや納期などと

いうものを気にしたことがなく、多くの場合デリバリーはまったく予測不可能なのです。

　スライダーのどちらかの端に振り切っているチームは多くありませんが、その間のどこかに位置することにはなります。スライダーを予測可能性の方に動かせば、必然的にプロセスは増えて計画はより細かくなり、作られるコードは少なくなることを意味します。スライダーを生産性の方に動かせば、見積もりや先々の計画作りをあきらめ、迅速な反復とエラーを修正するためのフィードバックを優先させることを意味します。

　このスライダーの最も変わっている点は、見ての通り傾いていることです。チームを予測可能性の方向へと引っ張る重力が働くからです。ここでいう重力とはコントロールしたいという人間の自然な欲求です。よくある間違いとしては、スライダーの生産性側に近い手法で十分な管理ができるときに形式的な要求や変更管理のような管理手法を適用してしまうことが挙げられます。

　適切な状況であれば、傾いたスライダーはコミットメントを行う対話に役立ちます。あなたの提案するコミットメントが、特定の機能のデリバリーや指定された期限までに仕事を完了させることを含む場合、あなたのチームは現在、スライダーのどこに位置しているか考えてみてください。予測可能性の方か、生産性の方か、それとも真ん中でしょうか？ 現在の設定について意見を合わせるために、チームの他の人と話し合ってください。現在の設定は効果的でしょうか、それとも動かしたいですか？ 現在の設定はどのようなトレードオフを意味していますか？ 現在の設定はチームのベロシティにとってどのような意味がありますか？ アウトプットの質は？ 結果の予測可能性は？ コミットメントを行う対話を始める前にこれらの質問について共通の見解を持つことが理想的です。そうすることで期待される生産性のレベルや予測可能性を考慮して計画を調整することができるようになります。

6.4　対話：コミットする

ここまでで培った対話スキルがあれば、コミットメントを行う対話の成功に向けて

一歩踏み出す方法をまとめるのは簡単です（**簡単すぎる**と言ってもいいかもしれません）。まず、対話の中で使う言葉の意味について合意しましょう。誤解や不安を克服するために人のためのテスト駆動開発や辻褄合わせからの脱却を使うこともあります。次に、ウォーキング・スケルトンを使ってどう進めていくかを定義し、そのステップに対するコミットメントについて対話相手と合意します。最後に、コミットメントを明示的に確認します。コミットメントを改めて復唱して腹落ちさせるよう関係者全員に求めたりボードやウィキページに公開したりすることになるでしょう。

　コミットメントを行う対話を成功させるためのステップは次の 3 つです。

1. コミットメントの**意味**について合意する。
2. 「**次に何をする**」とコミットするのかについて合意する。
3. コミットメントを再確認する。

6.4.1　コミットメントを行う対話を妨げるもの

　このステップは一見簡単そうですが、つまずく原因になる障壁が待ち構えています。

　第 1 の障壁は組織文化によるものです。自発的なコミットメントに価値があるという考え方はあなたの職場では恐ろしいものとして嫌われてしまうかもしれません。コンプライアンスが支配的な環境では、従業員は上司のいうことにただ従うことだけを求められるのです。上司としては従業員は言われた通りに動けばいいと考えた方が気が楽だからです。結局のところ、機械にコミットメントを求める必要はありません。また 1 章で指摘したように、人間を機械の一種として考えればマネジメントの仕事はずっと単純になります。チームから信頼されていない事実に向き合ったり仕事がうまくいかないのではないかと心配したりと、人間という厄介な存在が抱える厄介な問題に直面する必要はないのです。

　言われたことさえやればよいと考えれば、マネジメントは実にシンプルになります。開発者を交換可能なリソースと考えれば、プロジェクトの人員配置はより簡単になります。1 人のエンジニアの工数をいくつかに割って、複数のプロジェクトに効率よく時間を配分できると考えればさらに簡単です！ 人が置き換え可能だとかタスクの切り替えにオーバーヘッドがないとするこのような考え方は、テイラー主義的な「機械としての人」というモデルに合致します。しかし、人間はそのようなものではありません。そのことを認めるとマネジメント文化の根底が崩れてしまいます。対人

関係の難しい問題は無視しておきたかったのに、そこに直面せざるを得なくなるかもしれないのです。

　もし自分自身がコミットメントに対する組織文化的な偏見から抜け出せていなかったり実際に抵抗を受けて偏見が存在することがわかったりしていたら、コミットメントを行う対話の準備ができていないことになります。前の章に戻って、この抵抗の根底にある「信頼」、「不安」、「WHY」の問題に**まず取り組んでください**。

　第2の障壁は、逆説的ではありますがあなたのチームが使っている**既存のコミットメントプロセス**です。スプリントプランニングや詳細な設計書であったり上司が期日を指定した時にただうなずくだけというふるまいであったりするでしょう。現在使っている手法がどのようなものであるにせよ、あなたのチームはそのやり方に馴染みすぎているかもしれません。曖昧な言葉や厳しすぎる締切を疑問視せずに受け入れてしまっているせいで、どんな選択肢があるのか、そして自分たちが何に注力し、どこに投資をするのかといったことについて、有意義なコミットメントを行う対話の機会を逃してしまうかもしれません。

　このようなことを経験しているなら、その状況を打開する方法を共同で設計しましょう。チームを巻き込んで自分たちのコミットメントを行う対話作り上げて維持できるようにするのです。コミットメントを作り上げるにあたってどのような制約があり、どこまで裁量を与えられているのかを把握したいと考えるのであれば、7章で説明する指示に基づく柔軟対応のブリーフィングの枠組みが役に立つかもしれません。

　最後の障壁は、**全員には受け入れられないこと**です。無関心や敵意、あるいは単に頑固な性格のせいで、何をやってもコンプライアンスモードから抜け出せず、どうしてもコミットメントに至らないメンバーがいると気づくかもしれません。ただし幸いなことに、全員からのコミットメントは必要ないのです！　必要なのは、本気で取り組もうと心の底から内発的コミットメントを持つ誰か、あるいはいくつかのグループです。こういう人たちはある程度成功を収めることで推進者や伝道師となり、他の人たちにも献身的に試みるよう促すようになります。こういう人たちの力を借りずに企業文化やプロセスの変革プロジェクトが成功した例をこれまで見たことがありません。

　このような障壁を乗り越えてスムーズに「コミットメントを行う対話」ができたら、さぞかし素晴らしい気分でしょう！　数年前のチームミーティングを思い出します。ある夏、私たちは暑い会議室で巨大なプロジェクトの計画を立てていました。使われている重要な言葉の意味を全員で論じ尽くし、自分たちの望む大きなコミットメ

ントに至る小さなステップを定義し、ホワイトボードの見積もりを合計して、全体の納期を5カ月ほど先に設定していました。沈黙が訪れ、実質的なコミットメントについて誰もコメントしようとしませんでしたが、一人の勇敢なエンジニアが後ろから口を開きました。

「えっと皆さん、ここでは何も恐れることはありません。やるべきことは理解しているし、ひとつひとつは簡単で達成可能です。この一連のタスクをその日までに、実際にはもっと早く完了できないのであれば、配置換えをしてもらうべきです」

私たちはメンバー一人一人の意見を確認しました。タスクは間違いなく達成可能だと改めて確認して、チームは安堵の表情を浮かべました。そして私たちは一緒に「コミットしたチーム」というさわやかな空気を味わったのです。

コミットメントをめぐるマンディのストーリー（続き）

内省と改訂

　自分の対話を理解するために、まずはふりかえって採点することから始める。私は質問を2つしたが、ふりかえってみるとどちらも真摯な質問だったと思う。なぜバージョン2がバージョン1よりもずっと複雑なのか、そしてその機能が実際にいつ完成するのかを本当に知りたかったのだ。一方で左側を見ると、私が開発者の言うことにかなりの疑問を抱いていて、それをまったく共有していなかったことがわかる。また、自分が驚いたり不愉快に思ったりしたときによく「本当ですか？」と言っていたことにも気が付いた。これは無意識の仕草だろう。

　意味の一致に関してはどうだろう？　私は、このトピックで特に重要と思われる単語やフレーズ5つに丸をつけた。それが「見積もり」、「終わらせる」、「保証」、「複雑なテストケース」そして「準備できる」だ。左側の欄で私が疑問に思ったのは開発者がこれらの言葉をどういう意味で使っているのかということだったが、具体的に尋ねたり明確にしたりしたことはない。だから、私にとっては5点満点中0点だと思う。

　改善して改訂するために私は疑問をうまく共有できるようになりたい。意味について意見の相違がありそうなときにはそれを抑え込むのではなく、すぐに気づ

いて懸念を表明できるようにしたい。そうすることで、より明確なコミットメントを得ることができるはずだ。少なくともそうであってほしい！

改善後の対話

　私はデベロッパー・リレーション・チームの技術責任者であるデビッドを探した。チームと他の人たちが共に信じられるようなコミットメントを協力して作る方法を見つけられるかどうかを確かめたかったのだ。

マンディとデビッドの対話（改訂後）

マンディの考えや感情	マンディとデビッドの発言
	マンディ「新しい API の見積もりに対するチームの反応には本当に驚きました」
やっぱり気のせいではなかった。何かがおかしい。	デビッド「はい、私もそう思います。チームがそういう懸念を表明するのは初めてじゃありませんし」
私は特にデビッドの見解を高く評価している。こちらに問題があると思っているのだろうか？	マンディ「その懸念についてもう少し詳しく教えてもらえますか？ あなた自身はどう思いますか？」
おかしい。3 月 4 日はどこから来たのだろう？	デビッド「私たちが思っているよりずっと難しいです。マーケティング部門は 3 月 4 日までには絶対に欲しいと言っています。チームはそれまでに終わらせる方法を見いだせていないし、率直に言って私も見いだせていません」
デビッドはこのことについて詳しく教えてくれるだろうか？	マンディ「初耳ですが、妙に具体的な日付ですね」
ああ、わかった。まだ誰も 3 月上旬のコミットメントをとってくれとは言っていないけど、きっとそういうリクエストが来るに違いない。	デビッド「私もそう思っていましたが、予定されていることを知ってわかりました。ホールを借りて、うちのクライアント全員をランチに招待して刷新された API を見せようというんです！」

チームとして合意するまでは、機能はコミットされないということをデイヴに思い出させておこう。マーケティングの目標からどれくらい離れているんだろう？	マンディ「救いがあるのは、私たちはまだ何もコミットしていないということです。しかし、マーケティング部門にとってはコミットメントになっていそうですね。期日をいつにしたら開発チームは受け入れられるのでしょう」
あいたた。時間がかかるな。でも、最後のフレーズの意味がわからない。	デビッド「6 月より後になることは間違いありません。データをクライアントに提供する前にゴミを消す必要があります」
ここではクライアントに実際に使ってもらう必要はなく、デモさえできればいいと思う。	マンディ「クライアントに提供？ どういう意味ですか？」
ああ、私たちは言葉に対する理解は同じだけど、コミットメントに対する理解は違うんだ。	デビッド「もちろん、バリデーションとエッジケースのテストをすべて通す必要があります。おかしなデータをクライアントに渡すわけにはいきません」
この区別は重要だ。何が必要かを一致させることができれば、スコープを単純化する方法を提案してもらえるに違いない。	マンディ「同じことについて話しているとは思えません。私たちが必要としているコミットメントは、あなたがおっしゃったランチのような売り込みの際や見込み客の訪問時に動かして見せられるものです。あなたの理解と一致しますか？」
よかった。ようやくわかってくれたようだ。	デビッド「あなたの言いたいことがわかってきました。基本的なワークフローを見せることができればいいのであって、隅々まで見せる必要はないですね」
制約について共有しないと。顧客データを不用意に開示しないようにしないといけない。そうじゃないと担当部門から怒られてしまう。	マンディ「その通りです。その制約を減らすことは役に立ちますか？ 実際のデータを危険にさらさない限り、合理的な近道をすることはできます」

気に入った。特にダミーデータはいいね。	デビッド「まずバリデーションをスキップすることができます。そして簡単に表示できるダミーデータを使うこともできます」
コミットメントの障壁をクリアできるかどうか見てみよう。	マンディ「その機能の変更はどちらも問題ありません。それでチームは 3 月 4 日に自信を持ってコミットできますか?」
とても期待できそうだ!	デビッド「バリデーションや実際のデータがなくても提供できる方法は見つかると思います。昼過ぎにチームに聞いて、明日の朝までに結果を知らせますね」

　私はデビッドと時間とスコープについて合意したかったが、その前にいくつかのことを明確にしておく必要があった。チームがなぜ懸念しているのか、マーケティング部門の目標はいつなのか、なぜその日なのか、目標に向けたチームの作業にはどのような制約があるのか、などである。「クライアントに提供する」の意味を明確にすることで、外部的な制約(3 月 4 日までに納品)と内部的な制約(顧客データを公開しない)について十分に情報を得たうえでコミットメントに向かうことができた。この対話がうまくいったことにとても満足している!

6.5　コミットメントを行う対話の例

6.5.1　ナッシュとシスアドたち:ウォーキング・スケルトンの設計

　ナッシュはこう言います。「私は大手小売企業の IT 部門で働く非技術系の幹部だ。今四半期に発売する新製品をサポートするため、世界 7 カ国に新たな拠点を設ける必要がある。技術チームの現在の見積もりでは新しいオンラインサービスの開始に 6 カ月かかるらしく、これではあまりに遅い。最大の難関はサーバーのセットアップだそうだ。私は開発チームで働く 3 人のシステム管理者、アブドゥル、ベッカ、モリーに会いにきた。私の目標はこれらのサイトを早く立ち上げるためにどんな選択肢がある

かを見つけることだ！」

ナッシュとシスアドの対話

ナッシュの考えや感情	ナッシュとシスアドの発言
さあ、問題を議論の俎上にあげよう。まずは自分の情報が正しいか確認したい。	ナッシュ「エンジニアリーダーによると、7つの新しいサイトを立ち上げるのは最短で2月だそうです。本当ですか？」
よし、悪いニュースを確認した。	ベッカ「はい、それが最善の見積もりです。すべてのサーバーをプロビジョニングする自信はあります」
速く進めないのはとてもいら立たしい。技術的には可能なんだろう？	ナッシュ「ああ、残念！ 問題は、2月では予定より3カ月遅いことです。11月、遅くともクリスマスまでにはサイトを完成させなければなりません。その目標を達成するために、どんな選択肢がありますか？」
少なくともモリーが私の動機を信頼してくれているのはうれしい。	モリー「あなたを信頼していますし、できると言いたいところですが、それは不可能です。バックアップを取るのすら何週間もかかります」
確かに効率は悪そうだ。 なぜ何もしてこなかったのだろうか？	アブドゥル「設定をすべて手作業で行なうことを考えるとなおさらです。手作業は大変ですが、うまくいくことはわかっています」
これを回避する方法があるはずだ。 私が正しいかどうか確認しなければならない。	ナッシュ「技術的なことはよくわかりませんが、自動化はできないのでしょうか。私は何かを見落としているのでしょうか？」
私もそう思う。なぜ社内の壁がこれほど高いのだろうか？	ベッカ「おっしゃる通りです！ サーバーを素早く繰り返し立ち上げることができるツールはたくさんあります。しかし、情報セキュリティ委員会がそれらを承認していません」

これはウォーキング・スケルトンが使えるかも。	ナッシュ「確かにそうですが、それは稼働中のサイトに限った話ですよね？ 内部サービスをもっと早く立ち上げて、パッチ管理やバックアップなどを後から追加して通常の承認を得ることはできないのでしょうか？」
	アブドゥル「もちろんできます。でも、それでどうなるんですか？」
小さなコミットメントを積み重ね、そのひとつひとつをクリアしていくことで、大きな自信につながっていくはずだ。	ナッシュ「そうですね、サイトが立ち上がっていれば、開発者はずっと早くコーディングとデプロイを始めることができますし、マーケティングに実際の進捗状況を示すことができます」
モリーの言う通りだが、私が力になれるかもしれない。	モリー「しかし、それでは納期には間に合いません。社内での稼働は早くなりますが、サーバーを本番稼働できるようにするにはあらゆる手続きを踏まなければなりません」
	ナッシュ「それは私に任せてください。進捗状況を定期的に目に見える形で示すことで承認がスムーズに進むと思います。新しいツールを使って、例えば今週中に骨組みの機能をデプロイできますか？」
思ったよりもいいぞ！	アブドゥル「はい、実際、7 カ国すべてで可能です」
素晴らしい！ ベッカも同じ理解をしている。このプランがあれば、他の部分でも技術的に最適化できる場所を探しつつ、マーケティングも進めることができるだろう。	ベッカ「そうですね。しかも、インクリメンタルなセットアップのための新しいツールを使って今後 2 カ月間の週ごとの進捗予定を示すロードマップを作成できると思います。ただ、その先のことはわからないですし、その時点までに終わるとも思えません」

これで足並みは揃ったと思う。計画とコミットメントの最終チェックの時間だ。	ナッシュ「その必要はありません。進めながら再計画すればよいですし、新しいセットアップを使い始めればもっと多くのことがわかるようになるでしょう。皆さん、週1回の納品で2カ月の部分的なロードマップにコミットすることに抵抗はないですか？」
まあ、クリスマスまでに確実な納品はできなかったが、かわりにチームで明確な実行計画を立てて、そこにチームでコミットできたのはよかった。	全員「はい！」

　クリスマスまでに7台のサーバーをすべてデリバリーすることについて即座に確実なコミットメントを示してもらえたとしたら、ナッシュにとってこれほどうれしいことはなかったでしょう。しかしナッシュは、チームが築き上げた心理的安全性の文化のおかげでチームが「これは現実的ではない」と伝えられたことを喜んでいました。ウォーキング・スケルトンという代替案（DevOpsの課題ではよく行われるように）は有望に見えますが、デプロイメントを段階的に行うにあたり、ナッシュは時々様子を見なければならないかもしれません。ウォーキング・スケルトンによって、チームはコミットしやすい段階的なマイルストーンを設定できるのです。これはみんながうれしいシナリオです！

6.5.2　ジュリーとエリック：新しいプロセスへのコミット

　ジュリーはこう言います。「最近、CEOであり私の上司でもあるエリックと仕事をするのが本当に難しいと感じている。エリックは機能の優先順位や開発者の採用といった決定に参加したがるが、現場レベルの話に関与するのはエリックにとって効率的ではないし、私のチームにとっても健全ではないように思える。私やエリックと一緒に仕事をしている他の人たちにとって、自分がある決定について知らされるべきなのか、参加すべきなのか、そして関わる必要がないのかを見極めるのは困難だ。そこで私は共同での意思決定をどのように進めるかを決めるうえで役立ちそうな文書のテンプレートを作成した。エリックの意見が必要な意思決定とそうではない意思決定を明確にし、選択肢を記載するスペースを設け、それぞれの選択肢についてコストや実

行にかかる時間などのデータ収集を忘れないようにした。これからエリックと、この新しいプロセスを使うことにコミットするかどうか話し合うところだ」

ジュリーとエリックの対話

ジュリーの考えや感情	ジュリーとエリックの発言
これはいいスタートだ！	ジュリー「意思決定ドキュメントを読んでもらえましたか？」
	エリック「読みました！ 少し修正しました。提案してくれてありがとうございます」
まずは基本的な考え方が揃っているかを確認しよう。	ジュリー「素晴らしいです！ 後で修正点を確認します。最も根本的なことですが、意思決定プロセスというアイデアはあなたにとって価値がありそうですか？」
おっと。確かにそうだけど論点が少しズレている。	エリック「もちろん。これは私たちが軌道に乗って足並みを揃えるのに役立つでしょう。私はすべての詳細を読み、それぞれの決定についてあなたにフィードバックすることができます」
深呼吸…。こうしてエリックに挑むのは少し不安だ。	ジュリー「そう言っていただけてうれしいです。でもちょっと認識相違がありそうですね」
	エリック「本当に？ どういう意味ですか？」
ここでゆっくりと質問させてほしい。私たちは基本的な前提について同意しているだろうか？	ジュリー「ええと、私にとってこのプロセスの最大の価値は、特定の意思決定をあなたを交えなくてよいかを知るのに役立つことです。あなた抜きで意思決定するのもいいことだと思いますか？」
数カ月前の私なら、この答えは信用できなかっただろう。でも今は2人の解釈が揃っている。今ならエリックが本当に権限委譲を望んでいると思える。	エリック「もちろんです。会社が大きくなるにつれて、私はすべてをこなすことはできなくなります」

これは私にとって重要なことだ。	ジュリー「なるほど、確かにそこは一致していますね。それで、私が一番同意したいのは、私があなたを巻き込む必要がない場合に、意思決定ドキュメントをどのように使うかということです」
	エリック「うーん、わからないです。その場合、なぜ意思決定ドキュメントを記入する必要があるのですか？」
	ジュリー「そうですね、一番上のこのセクションには、どのような場合にこの意思決定ドキュメントを使うかが書かれています。もし決定事項がこの基準を満たさない場合、私たちは意思決定ドキュメントの記載を止めて続きを書きません」
踏み込んで話してはっきりさせることができてよかった。今、私たちは足並みを揃えていると、より確信している。	エリック「ああ、私が関与する必要がない現場の話だからですね。そのセクションはよくわからなかったのですが、今理解できました」
最終チェック―私たちは今、コミットしているだろうか？	ジュリー「それでは、私や他の人がその基準をフィルターとして使っても構わないですよね？」
コミットしていると思う！	エリック「もちろんです。ただ、少し調整をしたいです。例えば、予算の上限はもっと高くてもよいです。でも、これは今すぐにでも使い始めたいですよ」

　ここで、「信頼」がいかに重要な場面で登場したかに注目してください。エリックが過去にマイクロマネジメントをしていたならば、ジュリーに独自の決断をしてほしいというエリックの主張を、ジュリーは頭から信じられなかったでしょう。しかし、エリックの時間が会社の成長を妨げる要因と考えられていた中で、慎重を要する対話を経て、ジュリーはエリックが実際にするであろう考えと自分の意見が一致したと信じることにしました。この時、今までの対話を基礎にコミットメントを行う対話が構築されました。意味について合意することも非常に重要でした。エリックがそのプロ

セスに権限委譲の基準（つまり特定の事柄についてエリックが関与しないという確約）が含まれていることを完全に理解しないまま、2 人は安易に「合意」してしまったかもしれません。そうなれば、多くの混乱とフラストレーションが生じたに違いありません。喜ばしいことに、エリックとジュリーは意思決定のフレームワークを採用し、今でも引き続き素晴らしい成果を得ています！

6.6　ケーススタディ：コミットメントの背景
6.6.1　言われたことをやる

　フィナンシャルタイムズのカスタマープロダクト担当テクニカルディレクターであるアンナ・シップマンは、自身のブログで解説したように、コンプライアンスに関わる問題を抱えていました[89]。そうはいっても、何か明らかにまずいことがあるわけではありませんでした。アンナがテクニカルディレクターに就任して 7 カ月、55 人のエンジニアからなるアンナのチームは、新聞のメインウェブサイト、サテライトブランド、アンドロイドと iOS のアプリの運営に成功していました。世界中に 100 万人近い有料ユーザー[90] がいるため、サイトは常に最新のニュースを提供し続け、あらゆるデバイスで瞬時に読み込まれ、毎日新機能を追加しなければなりませんでした。継続的デプロイメントと A/B テストの両方を最大限に活用しながら、チームは週に何百回も改善を行い、絶え間なくテストを行い、社内外の顧客の需要に対応していました。

　しかし、アンナはまだチームの足かせになっているものがあることを知っていました。5 人の主任エンジニアにタスクを割り振るという日々の仕事の中でそれを感じ取っていたのです。週 1 回のミーティングでも、Slack や E メールでも、あるいは直接会ってでも、ずっと何かがおかしいと感じていました。「私はまだタスクの流れをコントロールしていました」アンナは言います。「私が手を貸す必要のある問題（そして私がまだ知らない問題）を主任エンジニアたちに理解してもらうためにはもっと良い方法があるはずだと感じました」[91] 要するに、アンナは単なるコンプライアンスではなくコミットメントを求めていたのです。

　多くのマネージャーがそうであるように、部下にやるべきことを指示すればその通りに実行するということを、アンナも気が付いていました。これではアジャイルの実践がサポートする創造的で革新的なチームとは正反対です。アンナの目標は管理チー

ムが自己組織化し自律的になることでした。「メンバー一人一人がアンナの代わりになる」[92] ことを目指したのです。しかしその目標は、アンナがタスクを割り当てる人という役割から抜け出さない限り実現できませんでした。

6.6.2　フィルターを取り除く

　主任エンジニアにもっと自主性を与えるにはどうしたらいいか、同僚や同業者からアドバイスを求めた後、アンナは主任エンジニアといわゆる「コミットメントを行う対話」をすることを決意しました。アンナの目標は、より良い対話の方法を共同で設計することでした。つまり、アンナへの過度な依存をなくして、主任エンジニア自身でタスクにコミットできる方法を共同で設計することです。

　まずアンナは機能リクエストや他のチームからのステータスレポート、財務結果など、ビジネスの他部門からのコンテキスト情報をフィルタリングしていたと説明しました。アンナは「(チームを) メールで溺れさせたくなかった」[93] と語り、このような外部情報の津波からチームを守ってきました。彼女にとってメールやリクエストは気を散らすものであり、それらからチームを守る必要があったのです。

　しかし、主任エンジニアたちは驚くべき反応を示しました。フィルタリングされていない情報を減らすのではなく、より多く受け取ることを求めたのです。そうすれば適切に優先順位を付けて最適化できるようになるからです。さらに、誰かが問題を提起した時に困惑したり混乱したりするのではなく、その問題についてよくわかった状態で挑めるでしょう。情報に基づいてコミットし、それを実行することができるのです。主任エンジニアにとっての外部からのインプットの意味はアンナとは大きく異なっていました。仕事を妨げる余計な情報ではなく、貴重なコンテキストだったのです。

　アンナはのちにこう語りました。「元々、私は主任エンジニアを守り、仕事を助けているつもりでした。しかし、実際には情報の流れを遮断し、主任エンジニアの仕事を妨げていたのです」[94]。

　コミットメントを行う対話を通じて入ってくるコンテキスト情報に対する共通の意味に合意した後、アンナと主任エンジニアはコンテキストを共有するためにいくつかのステップを踏むことを約束しました。

● メーリングリストを立ち上げ、アンナへのメールだけでなく他の人たちにもリ

クエストに使ってもらうようにしました。またアンナはグループの役に立つと思われるメールをこのメーリングリストに転送しました。これがグループがさらなるイニシアチブに取り組むための「ウォーキング・スケルトン」になりました。

- アンナは関連するミーティングに主任エンジニアを 1 人以上連れてきて、時には代わりに出席してもらうこともありました。その後出席者はメーリングリスト上でミーティングのメモを他のグループと共有しました。
- グループは週次ミーティングを拡大し、色分けされたカンバンボードを使ってタスクを追跡し、それに関する情報を共有しました。
- アンナはチームの「WHY」に多くの時間を費やし、考えた結果をメーリングリストや社内 Wiki、そして外部のカンファレンスで発表しました。[95]

6.6.3 「話を聞く前に解決していた」

より多くのコンテキストを共有することをコミットメントした結果は劇的でした。グループの E メールアドレスがほとんどのリクエストの宛先となり、メンバー全員がより多くの情報にアクセスできるようになりました。主任エンジニアは過負荷になった時には互いに仕事を回すことができ、デリバリーがうまくいく確率が高まりました。そして「よくあることなのですが」とアンナは言います。「誰かが問題について私にメールを送ってきたり、メンションしてきたりするのですが…。私がその話を聞く前に、すでに主任エンジニアが問題を解決しているのです」[96]

主任エンジニアは開発組織が本来持っていた秘められた力を発見して利用しました。それもこれもすべて「コミットメントを行う対話」のおかげなのです。

6.7 結論：コミットメントを行う対話を実際にやってみる

この章では、**重要な概念を見定めてその意味を明確にする**こと、コミットメントに構造を与えるために**ウォーキング・スケルトンを使う**こと、そしてこれらのテクニックと前の章のテクニックを使って**効果的にコミットメントを行う**ことを学びました。対話を変革することによって建設的なモデル II の考え方が促進され、効果的なコミッ

トメントを行うのに適した環境を作り出せます。またそうしたコミットメントを実行すれば、信頼が築かれて不安は軽減されます。それによって変革がさらに前に進みます。コミットメントを行う対話は以下のような様々な方法で使うことができます。

- **エグゼクティブリーダー**は開発と営業のように部門を横断して、容易に追跡できて信頼に足るコミットメントを期待し、その進捗状況を追跡することによって組織文化を統一することができます。
- **チームリーダー**とそのチームは自信と熱意をもって、スプリント目標や構築・測定・学習目標などのコミットメントを行うことができます。
- **メンバー**はコミットメントの定義に参加し、その達成に貢献できます。

7章
説明責任を果たす対話

　フィーチャー工場から抜け出せていないうちは、デリバリーとその課題に関する情報を完全に開示することなどは想像もつかないでしょう。何をするにも厳格なルールに縛られているのだから、そんなことは余計なのです。また自主性もないため、目標や戦術を変えたいと思っても、どんな選択肢があるかを考えても意味がありません。どのみち辿り着けないからです。しかし、「信頼」を築き、「不安」を取り除き、「WHY」を定義し、「コミットメント」を尊重するにつれて、私たちはこれまでよりも自律的で束縛されないようになってきました。このレベルの自己開示と他者理解は、最後の対話である「説明責任」によって可能になります。

　経営者は説明責任が果たされることで、機能の優先順位付けがおかしかったりクラウドサーバーに過剰に出費したりといった間違いをより早く効率的に知って修正できることに気づくでしょう。チームリーダーは説明責任を果たす対話を利用してスプリントとチームの目標を明確にし、その目標を達成するための選択肢を明らかにして機能構築とアーキテクチャ変更に関するチームの意図を伝えられます。そして、メンバーは「古いブラウザのサポートに行き詰まっている」とか、「どこかのわからず屋がテストをスキップしろと言った」などと言わなくなります。自分たちの仕事にどのような制約があって、どのような裁量が与えられているかがわかり、目標を達成するために創造性を発揮できる範囲を知ることができます。

　本章の考え方を吸収すれば、次のことができるようになります。

- **Y理論**を用いて健全な説明責任を育む組織文化を創造する
- チームの行動を効率的かつ正確に説明できるように、**ブリーフィング**と**バック**

　ブリーフィングを行う

- 説明責任を果たす対話を用いて**自分の意図を周りに伝える**。そうすることで、あなたの仕事に関係するすべての人が、効率的かつ協力的な方法で手助けしたり、アドバイスしたり、修正に取り組んだりできるようにする

7.1　誰が責任者なのか？

　「またか！」とダニーは叫びました。「延期は今週もう 2 回目だ。この調子では、金曜日には何もできないだろう」

　急成長するスタートアップの CTO として、ダニーはかつてないほど多くのチームを指揮しています。会社の規模が小さかった頃はエンジニア全員に時間を割くことができ、誰が何をしているのか正確に把握することができました。しかし最近ではスプリントの期間中にチームメンバー全員と話をする時間はなく、日々の進捗を把握できなくなってきているのです。

　今まさに読み終わったメールがその典型でした。モバイル開発者がまた遅れていて、アプリの変更の一つがスプリント終了までに間に合わないというのです。モバイル開発者だけの問題ではありません。ほぼ毎週、少なくとも 1 つのチームから悪い知らせがあがってきます。遅れを報告するチームが 2、3 あることもよくありました。

　ダニーは開発が計画通りに進むとは限らないことをよくわかっていました。実際、ダニーは開発者が問題を抱えて自分のところにやってくるのをやりがいとしていたのです。技術的な選択肢について議論し、製品デザイナーや事業部と協力して創造的な解決策を見つけるのが好きでした。以前のチームではこのダイナミズムがまだうまく機能しており、問題を抱えた開発者たちがダニーのところにやってきていました。確かにちょっとしたつまずきやバグはありましたが、スプリントの終わりに厄介なサプライズを恐れることはありませんでした。しかし、新しいチームの中にはもっと予測不可能なものもあり、主要な機能が数週間、時には数カ月遅れることもあったのです。

　ダニーは頭を抱えてなんとか計画をひねり出そうとしました。日次の進捗報告を導入すべきでしょうか？ デリバリーマネージャーを雇うべきでしょうか？ あるいは、チームリーダーを交代するべきでしょうか？ 次にどんな手を打てばいいのかわかりませんでしたが、何かを変えなければならないことはわかっていました。

　ダニーの反応はめずらしいものではありません。締切に間に合わなかったり、シス

テムがダウンしたり、予算が足りなくなったりと、不愉快なニュースに驚くことが何度もあるとしたら、そんな面倒が起きないように行動を起こしたくなります。普通はより詳細な情報を求めたり、より具体的な指示を出したり、より細かな管理体制を敷いたりします。あるいは、その３つをすべて行うこともあるのです！ 残念ながら、こうした本能的な対応は問題の根本である「説明責任」を見落としているため、事態を悪化させてしまいます。

　説明責任を果たすとはどういうことでしょう？ ここでは「自分がしたこととその理由を説明する義務がある」という意味で使っています。一人一人が説明責任の感覚を持つことは成功への鍵の一つです。説明責任とは、ハンドルを握ることや責任感、主体性に似ています。自分の時間の使い方をコントロールできているということは、やったことの理由についてその背後にある考え方や意図まで含めて説明できるのが自分だけだということです。

　本書での説明責任の定義が一般とは大きく異なっていることに注意してください。マネージャーが「誰か説明責任を果たしてください」と言うのを聞くと、本能的に近くの机の下に潜り込みたいと思うかもしれません。この言葉には、何か悪いことをしたときに矯正や罰を受けることを連想させるからです（この不安の原因になるであろう歴史的な視点については、次のコラム「中世の説明責任」を参照してください）。説明責任を負わされた人は悔恨の念を抱き、過ちから学ぶことが期待されます。これとは対照的に、本書の定義では成功と失敗、あるいはどちらでもない結果のいずれに対しても責任を負うことができます。しかし、「先月の売上が２倍になったので、誰かに説明責任を押し付けましょう！」などという台詞は滅多に耳にすることがないでしょう。

　ただし、本書でいう説明責任（結果について説明する義務）は、アジャイル、リーン、そして DevOps チームが目指す自己組織化の鍵となります。各チームメンバーは自分の時間とエネルギーをどのように配分するかについて、自分自身で決定する権限を与えられています。しかし、この権限委譲にあたっては、その決定が何であり、なぜそうしたのかを共有することが期待されます。そこで説明責任を果たす対話は意図の共有という形をとることもあります。「私はこういうことを計画していて、その理由はこうです」と。また公式非公式を問わず、過去起きたことについて報告することもあります。どのような形で説明責任を果たすにせよ、ダニーが支配欲を抑えて説明責任をチームで果たす組織文化を築けば、ダニーは自身の成果をもっと拡大してい

けるでしょう。

　こう聞くと簡単そうに聞こえるかもしれませんし、効果的に説明責任を果たす術は学習を通じて身につけられます。ただそのためには、いつものように、慎重を要する心の機微に触れるような取り組みや組織文化の変革が避けられませんし、たくさん練習する必要もあります。特に、説明責任を果たす対話を効果的に行うには、強固な信頼（「私が何をしたかについて、あなたが私の話を共有してくれると信じています」）、軽減された不安（「私が何をしたかについて、あなたが私の説明に過剰反応しないことを知っています」）、合意された WHY（「私たちはこのビジョンに向かっており、今日はここまで到達しました」）、明確なコミットメント（「ご説明しましょう。『私は A をすることを約束し、実際に起こったことは B でした』」）が必要です。説明責任を果たす対話に着手する前に、あなたとチームがこうした対話をきちんと行っていれば、成功する可能性が高くなります。

中世の説明責任

　「説明責任を追っている（accountable）」という言葉には、なぜ一般的に懲罰的な意味合いがあるのでしょうか？ それは言葉の起源と関係があるのではないかと思います。「accountable」とは、文字通り「説明（account）の責任を果たす」という意味で、「説明（account）」は古フランス語の「計算する（reckon）」または「列挙する（enumerate）」に由来します [97]。この言葉が初めて英語に現れたのは中世のことで、12 世紀の保安官の行動を表す言葉として使われました。この保安官（sheriffs）（かつては 郡 の管理者（shire reeves）と呼ばれました）は、銃を乱射する西部開拓時代の末裔たちとは違って、本質的には広大な領土を誇ったアンジュー帝国の歳入徴収官でした。各保安官には毎年国王に支払うべき「年貢」が割り当てられており、それを領地から好きなように徴収する自由がありました。多くの保安官は本来の「年貢」をはるかに上回る額を怯える市民に要求し、余った分は自分の懐に入れることで莫大な利益を得たのです。[98]。

　ヘンリー 2 世（イングランド王、1154〜1189 年）の政権は、毎年 9 月 29 日のミカエル祭に保安官を宮廷に召集し、その年の税収を現金で（1100 年代には小切手もクレジットカードもありませんでした！）持参して計算のうえで提出するよう定めました [99]。算術ができる人は少なかったので、財務官とその助手は

会計盤（チェス盤のようなもの）とカウンターのセットを使って、保安官が王室に対して支払うべき金額と控除額を表して計算しました[100]。この会計盤はプロセス全体を表すようになり、やがて特定の年の「財務省」と呼ばれるようになりました[101]。保安官は順番に前に出て、その年の収入について説明し、例外や控除について会計係に注意を促しました。合意された合計額が計算されると、保安官は銀貨の入った袋を手渡して清算しました[102]。正しい金額に足りないことが判明した保安官はその場で罰金を課せられたり、投獄されたりする可能性がありました[103]。スプリントでゴールを逃したことを報告することが心配だと思うなら、12世紀に説明責任を果たすことがどれほど苛酷な経験であったかを想像してみてください！

説明責任をめぐるニコルのストーリー

　私の名前はニコル、組織内の複数のチームを統括するプロダクトディレクターだ。ボビーはそのうちの1チームのプロダクトマネージャーだ。ボビーは私が依頼した仕事をしばしば誤解しているようだ。つまり、機能やプロジェクトを途中で中断し、開発者の期待を裏切ってコードの半分を変更しなければならないことがよくあるのだ。ボビーの解雇を検討するほど悪化しているが、私自身のマネジメントスタイルやコミュニケーションの取り方のせいで問題が起きているではないかと思い始めている。最初のR（記録）から始めて、私は改善する方法を見つけられないか確認するために、私たちの最後のやりとりを文書に起こした。

ニコルとボビーの対話

まず右側を読み、それから戻って右から左へ読んでください。

ニコルの考えや感情	ニコルとボビーの発言
これでわかってもらえたかな？	ニコル「これが新しいキャッシュフローレポートのモックアップです」

いい質問だ！	ボビー「今のものとどう違うんですか？」
	ニコル「そうですね、一つは更新が日次になること。そしてサマリーだけでなく、新設したグローバル地域ごとに分類されることです」
	ボビー「わかりました」
知りたいことはそれだけですか？ モックアップを見れば一目瞭然だね。	ニコル「いつまでに準備できそうですか？」
おお、早い！ 財務部門は本当に喜ぶだろう。前回のようなミスがないことを祈るばかりだ。	ボビー「チームに確認してみますが、次のスプリントで完成できると思います」
	ニコル「それはいいですね！」

　しかし、1 週間後、チームが新しいレポートをデモしてくれたとき、私はかなり不満だった。エクセル形式ではなく CSV 形式（カンマ区切りの値）になっていて、グローバル地域にはオーストラリアが入っていなかった。なぜボビーはこういうことをきちんとできないのだろう？

7.2　準備：X 理論と Y 理論
7.2.1　2 種類のモチベーション

　チームに説明責任を期待するのは妥当でしょうか？ 従業員とは利己的で上からの指示によってのみ行動し、自分の行動を説明できないような存在なのでしょうか？ それとも、成功したいと考え、うまくやりたいという欲求に突き動かされ、自分の行動に責任を持つ存在なのでしょうか？ 経営理論家のダグラス・マクレガーは、『企業の人間的側面：統合と自己統制による経営』（産能大出版部、1990 年）の中で、従業員の動機づけに関するこれら 2 つの見方を、X 理論および Y 理論と呼んでいます（**表7-1** 参照）[104]。

　X 理論は 1 章で検討したテイラー主義的な考え方に密接に関連しています。「労働者は怠け者で頭が悪いので、管理職が監督しなければならない。失敗したら、その失

敗から学べるように廊下に立たせる必要がある」というのです。「従業員の成果が出ない？　もっとしっかり管理をしよう」と、X 理論のマネージャーなら言うでしょう。「もし私が思うように進捗状況を理解できず、エスカレーションが遅くて問題の修正が間に合わなくなるなら、その情報を手にいれるためにマネージャーを雇おう」　X 理論に従うなら、従業員一人一人に説明責任を求めるのは無意味です。労働者は自分自身の行動に対して何の投資もしていないし、計画に意味のある関与もしていないのだから、その行動や結果について説明するよう求めるのは馬鹿げています。担当のマネージャーに尋ねましょう。答えを知っていることはマネージャーの仕事なのですから。

　Y 理論では人間のとらえ方が根本的に異なります。Y 理論によれば、人間は他者と関わることを望み、オーナーシップを持ち、成功への意欲を自分の中に持っているのです。Y 理論を信じるなら、X 理論のマネジメントモデルは有害であることはもちろん、効率も悪いのです。各個人が本来持っている成功への意欲を活用することで、より良い結果をより低コストで得ることができます。そして Y 理論の組織では説明責任が不可欠です。意欲的で責任感の強い社員は、自分の活動や結果をマネージャーや協力者に伝える必要があり、また伝えたいと思っています。また、そういった従業員は結果に対する正確なフィードバックを強く求めます。自分の行動を適切に調整するためです。

　1 章のアジャイル、リーン、DevOps の原則を振り返ると、Y 理論に強く偏っていることがわかります。

- やる気のある社員には必要な環境とサポートを与え、仕事を成し遂げると信頼しよう。
- チームに権限を委譲しよう。
- 全員がビジネスのためにベストを尽くしていることを信頼しよう。

表7-1　X理論とY理論[†1]

X理論	Y理論
態度	
人間は仕事を嫌い、退屈に感じ、できることなら避けようとするものだ。	人間は仕事を必要とし、それに関心を持ちたがるものだ。適切な条件下では仕事を楽しむ。
方向性	
人間が正しい努力をするためには、強制か買収が必要だ。	人間は自分が納得できる目標に向かう。
責任	
人間は責任を避けたがり、引き受けるよりも、指示されることを望む。	人間は適切な条件のもとで、責任を求め、受け入れる。
動機	
人間は主に金銭と職の安定に対する不安によって動機づけられる。	適切な条件下では、人間は自分の可能性を実現したいという願望に突き動かされる。
創造性	
ほとんどの人間は創造性をほとんど持っていない。	創造性と創意工夫は多くの人間が持っているが、ほとんど活用されていない。

　もちろん、これは驚くべきことではありません。前章までの4つの対話を見ていく中で、Y理論に一致する行動によってソフトウェアチームが成功するストーリーをいくつも目にしてきました。信頼を築くこと、ビジョンを押し付けることなく動機を説明すること、コミットメントを促進するためにコンテキストを提供することなどです。実際、Y理論の採用は、アジャイル、リーン、またはDevOpsの手法で成功するための前提条件であるというニールス・プラエギングの意見に、私たちは賛同しています[105]。

7.2.2　ドラマかリーダーシップか？

　ここで私たちを戸惑わせるのは、少なくとも理念の上では人間中心のソフトウェア

---

†1　ニールス・プラエギング、「Why We Cannot Learn a Damn Thing from Toyota, or Semco（なぜ我々はトヨタやセムコから学べないのか）」。

手法を採用しているチームにおいて、なぜ X 理論がいまだに浸透しているのかということです。なぜ、（私たちの意味での）説明責任を否定する組織文化的な考え方を変えようとしない人がいるのでしょうか？

　詳細な答えは社会科学者に任せるとして、その一因は私たちが最初にリーダーシップのモデルを知るきっかけとなる、テレビや映画で描かれる事例にあるのではないでしょうか。映画の中では強く断固としたリーダーが命令口調で吠えています。そういうリーダーはタフで、へまをする者をためらいなく叱ります。もう一つの例は『ディルバート』の「とんがり髪のボス」のような無能なマネージャーで、常に現状報告を求めて細部にこだわる一方で、全体像を見失っています。どちらのアプローチも効果的なリーダーシップの例とは言えませんが、その理由の一つは真の説明責任とは相反しているからです（独断的なリーダーは説明に耳を貸そうとせず、優柔不断なリーダーは情報をどう扱うべきか決断できません）。どちらのスタイルも組織内に非生産的な対立をもたらします。しかし、この対立こそがドラマを生み出すのであり、そのおかげで映画のチケットやネットフリックスのサブスクリプションが売れるようになるので、映画やテレビではこうしたアプローチが人気を博しているのです。

　これとは対照的に、協力関係と自己組織化に関するメディアのモデルは限られています。Y 理論のリーダーとしてドラマで描かれるのは、パトリック・スチュワート演じる『スタートレック』シリーズのピカード艦長くらいでしょう。ピカード艦長は新しい発見があったり不測の事態が起きたりした際には、いつも対応する前にクルー全員の意見を集め、大胆で危険を伴うミッションをクルーに任せることが多いのです。『アベンジャーズ』のようなスーパーヒーロー集団や『スタンド・バイ・ミー』のようなアンサンブル映画[†2]では、まったく異なるスキルを持つ人々の協力関係が描かれます。主人公たちはそれぞれ、貢献できる力を駆使して障壁を乗り越えていくのです。しかし、こうしたことは日常生活とはかけ離れています。

　X 理論を採用しがちな傾向を克服するために何ができるでしょうか？　ここまで見てきた多くの変革と同様、共感してくれるチームメンバーには組織内の X 理論の信念や習慣を見定めて克服する手助けをしてもらいましょう。例えば、心理的安全性へのコミットメントを新たにしたり（4 章参照）、アンナ・シップマンと彼女のチームが行ったようにビジネス上の背景を共有したり（6 章参照）、新たな責任を引き受けた人

---

†2　訳注：特定の誰かが主役になるのではなく、複数のキャラクターが等しく中心的な役割を果たす映画。

を祝福したりするのです。説明責任を果たす対話を実施するだけで、自律性と内発的動機づけに関する強力な組織文化的メッセージを発信することになります。

7.3　準備：指示に基づく柔軟対応

7.3.1　素朴さからの脱却

　説明責任を果たす対話を阻むもう一つの障壁は「素朴な現実主義」です [106]。これは「自分は世界を客観的かつ偏見なく見ており、さらに他の人々も同じ観察に基づいて自分と同じ結論に達するだろう」という見方です。このような単純化された世界観を採用すると、私たちはコミュニケーションをとる必要性をあまり感じず、説明する必要もないと考えるのもわかります。結局は他の誰もが私たちと同じことを観察しているのだから、なぜ私たちの行動やその結果を説明する必要があるのでしょうか？もちろん、このようなアプローチは見当違いです。私たちが説明責任を果たす対話を必要とするのは、他人が自分たちの知らない情報を持っている可能性があり、自分たちとは異なる結論を導き出すかもしれないからです。

　素朴な現実主義に至る偏見を排除するための体系的な方法があります。スティーブン・バンゲイは、著書『The Art of Action: How Leaders Close the Gaps between Plans, Actions and Results』の中で、「指示に基づく柔軟対応」と名付けた方法について説明しています [107]。

　まず、バンゲイはマーフィーの法則（「失敗する余地があるなら、失敗する」）のように事態が思い通りに進まない、様々な要因の集合体としての「摩擦」の概念について説明します。摩擦の結果生まれるのは、私たちが望む結果を計画に、計画を行動に、そしてその行動を意図した結果に変えようとするときに生じる３つのギャップです（**図7-1** 参照）。

- **知識ギャップ**とは、知りたいと思っていることと、実際に知っていることの差です。
- **調整ギャップ**とは、人にやってほしいと思っていることと、実際にやられていることの差です。
- **影響ギャップ**とは、行動を通じて達成したいと期待することと、実際に達成されることの差です。

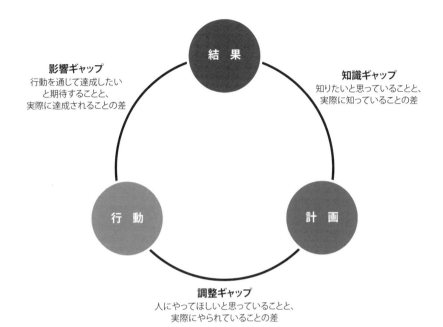

図7-1　バンゲイの 3 つのギャップ[†3]

　上記の 3 つのギャップに対して、マネジメント中心のアプローチはギャップをなくそうとします。知識ギャップを埋めるために、リーダーはより詳細な情報を求めます。調整ギャップを埋めるために、リーダーはより具体的な指示を出します。そして影響ギャップを埋めるために、より細かく管理します。しかし、ギャップを完全に埋めることは不可能です。このような権威主義的なマイクロマネジメントを行うと、「コミットメントはコンプライアンスに取って代わられ、エネルギーは無駄遣いされ、士気は低下する」[108] のです。

　バンゲイは、1800 年代にフランス、デンマーク、オーストリアと戦ったプロイセン軍指導者たちの戦略的・戦術的革新を分析して「指示に基づく柔軟対応」という方法を提唱しています。プロイセン軍は、指揮系統の上下を問わず計画と意図を明確に伝えることが、19 世紀の複雑化する戦争を使いこなすために不可欠であることに気

†3　出典：「Executing Strategy: Some Propositions（実行戦略）」, StephenBungay.com, accessed October 3, 2019, https://www.stephenbungay.com/ExecutingStrategy.

づきました。指示に基づく柔軟対応の核心は、当事者間のプロトコルです。一方はブリーフィングで**どこへ向かうか**を説明し、もう一方はバックブリーフィングで**辿り着くための計画**を説明するのです。

7.3.2　ブリーフィングを通じた調整

　ブリーフィングでは、一方が自分の意図する結果を伝え、その結果に向かう際の制約を与え、実行中に利用できる裁量を説明します。例えばバンゲイが挙げているストーリーでは、ある司令官が 2 人の将兵に対して敵との交戦に時間を取られることなく（制約）、自分たちにとって最も理にかなったルート（裁量）を使って、フランス軍を包囲するために師団を北に移動させるように指示した（結果）、という話をしています [109] †4。

　望む結果とそれに関連する裁量と制約を伝えることで、結果を伝える人は説明責任を果たすことになります。優先順位や重視するトレードオフなど、自分だけが提供できる情報を伝えているのです。これは上層部から押し付けられる計画に基づく X 理論のアプローチとは大きく異なります。X 理論では組織が達成したい目標と進め方に関する指針が混在しており、指示された道から外れる裁量はほとんどないかまったく許されていません。

　このようなトップダウンで計画を落とすようなアプローチは、人的資源の浪費であるだけでなく、しばしば知識ギャップに陥ります。つまり、計画を立てるマネージャーが現場により近いマネージャーの知識や経験を持ち合わせていないのです。何マイルも離れたところにいるプロイセンの指揮官が、部下が選ぶべき正しいルートを知っているはずがないのです。当時はまだ、無人偵察機や無線機のような戦場の情報を手にいれる近代的な手段はなかったのだからなおさらです。部下に明確な意図を持たせ、部下だけが持っている現地のデータに基づいて正しい選択をさせる方がはるかにうまくいくでしょう。

　明確なブリーフィングの好例としては、ボーイングが 777 旅客機の設計段階で行ったものが挙げられます [110]。設計者たちは飛行機全体の重量を減らす一方で、コストを計画予算内に抑えることに頭を悩ませていました。機体全体の設計において、どう

---

†4　軍隊とは異なり、ビジネスの場面では、当事者の関係はリーダーと従う人ではないかもしれません。例えば、プロダクトマネージャーがマーケティングチームに、今後の機能発表の調整方法について説明することもあります。

すれば軽量化とコスト削減の間で最良のトレードオフができるのでしょうか？ 例えば、軽量化のために高価な舵を使う一方で、安価で重い着陸装置に変更するのは許されるでしょうか？ 何百人ものエンジニアがそれぞれ別のチームでいくつものサブシステムに取り組んでいる以上、まったく関係のない部品同士で重量とコストのトレードオフを行うことが可能かどうかは、検討することさえ非常に困難でした。

　ボーイングが発見した解決策は、簡単なコストガイドラインという形でローカルサブシステムでどのようなトレードオフが可能か、またどのようなトレードオフをすべきかをエンジニアに対して説明することでした。それによれば、エンジニアは 1 ポンド軽くするために承認なしで 300 ドルまで費やすことができ、1 ポンドあたり 600 ドルまで費やすにはローカルスーパーバイザーの許可が必要であり、プログラムマネージャーがゴーサインを出せば、1 ポンド軽くするために 2,500 ドルまで費やすことができました。これらのガイドラインのおかげで、エンジニアが仕事をする上で必要な制約が明らかになり、コストと重量を最小限に抑えるという全体的な目標に沿った決定を下すための枠組みが与えられました。

7.3.3　バックブリーフィングで合意を固める

　指示に基づく柔軟対応を明確なブリーフィングをするだけで終わらせたとしても、大きな改善をしたことになるでしょう。少なくとも一方の当事者が説明責任を果たしているからです。しかし、詳細なブリーフィングを行ったとしても、大なり小なり誤解は生じます。そこで何が不十分かを明らかにして解決するために、私たちはブリーフィングに対する回答、つまり実行当事者が主導する「バックブリーフィング」を行うことにしています。「バックブリーフィング」とは望ましい結果を達成するための具体的な計画を説明し、この計画が当初の結果、制約、裁量と一致していることを確認するためのものです。人々が何を計画しているのか、なぜそれを計画しているのかを説明すること、つまり理由と意図を共有することで、すべての関係者間の整合性が確保されるのです。

　バンゲイは『The Art of Action』の中で、プロイセン参謀総長のフォン・モルトケが書いた手紙を紹介しています。モルトケの手紙には、状況、モルトケの意図、各将軍の役割、フランス軍がベルギーに侵入した場合の特別な指示が書かれていました。手紙の最後には、各将軍が自軍に出す指示をフォン・モルトケに知らせる期限が記されていました [111]。各将軍からの返事は、フォン・モルトケが自軍と部下の軍の動き

を調整し、誤った理解を修正するための「バックブリーフィング」だったのです。

　私たちのクライアントである子供向け小売企業では、COO が各チームのリーダーと商品計画を検討するバックブリーフィングシステムを構築しました。あるバックブリーフィングセッションの前に、プロダクトマネージャーが E コマースショップの改訂計画を共有した時には、親が幅広い品揃えから購入できるようになることに対して COO は興奮している様子でした。しかし会議中、プロダクトマネージャーが新しいページのスクリーンショットや初期のプロトタイプを見せるにつれ、COO はだんだん不満そうな様子になっていきました。やがて COO は言いました。「しかし、商品のセールスポイントはどこに書いてあるんですか？」 新しいタイプの商品とエキサイティングな新しい購入方法をサポートすることに集中するあまり、マーケティンググループが頼りにしていた、商品を教育に役立つ楽しいものとして売り込むことを忘れていたのです。計画を修正するのは骨の折れる作業でしたが、コードがあまり書き込まれないうちに問題を早期に発見できたのは幸いでした。この例からわかるように、ブリーフィングとバックブリーフィングの組み合わせは、相互の説明責任を生み出す強力な方法です。

7.3.4　ブリーフィングとバックブリーフィングの採点

　対話をブリーフィングとして採点できるのは**要求**が含まれている場合です。意図する結果、実現する際の制約、与えられる裁量という 3 つの要素にそれぞれ 1 点ずつ与え、3 を分母、合計点を分子として得点を表示します。もし制約や裁量の説明が不十分で、制約の半分だけを説明したのであれば、0.5 といった部分点を加点してください。例えば、意図した結果と制約をすべて共有したけれど裁量については説明しなかった場合、スコアは 2/3 になります。

　同様にあなたが**要求に応える**側なら、バックブリーフィングとして採点できます。ブリーフィングの場合と同様に点数を 3 を分母とした分子で表示し、3 つの要素がすべて含まれている場合に 1 点（3/3 点）となります。あなたの意図する行動、その行動を採用する理由、あなたの計画が相手から提供されたブリーフィングと一致しているかどうかの確認です。

7.4　対話：意図の発信

　休暇に家族で保養地までドライブする計画を立てているとしましょう。誰が何の情報を必要としていて、それをどのタイミングで共有するかを、どうやって決定しますか？ ドライブ旅行での共同作業は「説明責任を果たす対話」を使ってチームとやりとりするのとよく似ています。

　旅に出るのは簡単ですが、その前にプランニングに必要な情報を共有する必要があります（ブリーフィング）。そこには意図する結果（「レイクハウスに行く。その際、サクラメントを経由して妹をピックアップする」）、制約条件（「交通量が多すぎるので、ハイウェイ5号線は避ける」）、利用可能な裁量（「お気に入りのレストランに立ち寄ることができる」）が含まれます。これらがはっきりしたら、バックブリーフィングに相当するものを返します。つまり意図するルート、そのルートを提案する理由、そして意図するルートが満足のいくものであるかどうかを確認してほしいという要求です。しかし、旅行が始まったらどうなるでしょうか？

　どんなにまっすぐな道路を走っていても、車線通りに走行するためには何度も細かく調整する必要があります。前の車が急停車したり子供が道路に飛び出したりといった不意打ちには即座に対応しなければいけません[5]。運転手がこうした絶え間ない軌道修正を知らせてくれるとは同乗者も思っていませんし、緊急事態に対応するために許可を求めてくるとも思っていません。しかし、運転手が急ブレーキを踏んで車が激しく揺れたようなときには、同乗者は間違いなく何が起きたのか説明を求めます！ また、ルートや制約を変更するような新しい情報（「湖では雨が降っているので、代わりに山へ向かいましょう」）があった場合、新しい情報を持っているのが運転手であろうと後ろの子供であろうと、何らかのコミュニケーションを期待するでしょう。プロジェクトに関わる人は皆、「説明責任を果たす対話」において自分の役割を果たす義務があります。

　では、車に乗っていない人とのコミュニケーションはどうなるのでしょう？

7.4.1　成功へのシグナル

　技術者のエリザベス・エアは、ドライバーが曲がる前から曲がり終わるまでウィン

---

[5]　この話は自動運転車にも、人間が運転する車にも当てはまります。ドライバーに血が通っていてもシリコンでできていても、誰かがハンドルを握り、刻々と調整を行う必要があるのです。

カーを出し続けているように、あなたも常に「意図の発信」をするべきだと提案しています [112]。この素晴らしいアドバイスに従えば、思わぬ利益が得られます。自ら意図を開示することで、他の人々が関連情報を提供したり計画を調整したりすることで目的を達成する手助けをしてくれるようになるからです。意図を幅広く発信することで、予期せぬタイミングでこうした恩恵にあずかれるのです。ウィンカーを出すという行為は、誰も見てくれる人がいないと勘違いした時（！）に一番役に立つのかもしれません。

　どのような情報を発信するかを決める際には、以下の重要な点に留意してください。

現状を共有しよう

　「モバイルアプリ用の不具合報告ツールを予算内で選ぼうとしています。今のところ 2 社に話を聞きましたが、どちらも私たちの基準を満たす製品を持っていませんでした」

計画と意図する成果について説明しよう

　「来週さらに 3 社と会い、社内のソリューションも検討しています。今月末までには実行可能な解決策を見つけることができるでしょう」

障壁について注意喚起しよう

　「予算の再見通しにより、このプロジェクトを完全に中止せざるを得なくなる可能性があります。木曜日までにはわかるでしょう」

　Y 理論のマインドセットを適切に持って前章で練習してきた相互学習ツールを使えば、説明責任を果たす対話は有益であり、プロジェクトを軌道に乗せるうえで役に立つとわかるはずです。ただし注意してください。説明責任を果たす対話は 1 回限りのものではありません。

7.4.2　信頼と検証

　「彼は信頼してくれるけど、検証しないのです」と、あるクライアントの技術部長が CEO について語りました（「信頼せよ、されど検証せよ」というのは、ロナルド・レーガンがソ連との核条約交渉の際に使った、ロシアのことわざに由来する有名な格言です [113]）。「CEO は私たちにチームのビジョンと集中すべきことを示してくれま

した」技術部長は続けました。「しかし、定期的にすり合わせをしなかったので、足並みを揃えられませんでした。そのせいで私たちが追求したミッションは間違っていて、CEO が本部からこちらに来たときには3カ月分の仕事を破棄してやり直せと言われました」

説明責任を果たす対話で最も難しいことの一つは、議論をすること自体ではなく、議論を**続ける**のを忘れないことです。先ほどの CEO のように、プロジェクトの方向性に合意したらそれで終わりと思ってしまうかもしれません。特に、ブリーフィングとバックブリーフィングを使って、目指す成果、裁量、制約の整合性を再チェックした場合はなおさらです。そこまでやってなお口を出したら、相手は腹を立ててしまうのではないでしょうか？ Y 理論に従えば、私たちは相手の善意を信頼し、仕事に取りかかるのを任せておくべきなのではないでしょうか？

マイクロマネジメントができる限り避けるべきものである以上、これは真っ当な反論です（後部座席の誰かに車の操縦方法を指図されたくはないでしょう）。しかし、ズレて悲惨なことにならないようにするためには説明責任を果たす対話の当事者同士は関わりを絶つべきではありません。ブリーフィングの担当者は、物事がどのように進んでいるかを聞く必要があります。なぜなら、ブリーフィングの担当者はズレていないかをチェックする義務があり、自分たちの行動を調整する責任があるからです。さらにブリーフィングを受けた側は、自分たちの進捗状況へのフィードバックだけでなく、取り巻く環境がどのように変化しているかという情報（特にそれがやるべき仕事に影響する場合は、その最新情報）を必要とします。進捗確認の頻度は、プロジェクトの重要度やリスクの度合いによって変わりますが、説明責任を果たす対話に関しては、「ボタンを押したら後はお任せ[†6]」というフレーズは私たちの辞書にはありません。

7.4.3　アジャイルの情報発信の仕組みを活用する

幸い、現代のソフトウェア開発手法に備わっている儀式やプロセスは、最初の説明責任を果たす対話のきっかけにしたうえで意図と進捗を発信する定期的な機会にするのにぴったりです。

[†6]　訳注：原文は"Set it and forget it"で、一度設定すれば後は自動で物事が進むような家電製品やソフトウェアに対してよく使われます。

計画作り

スクラム、XP、および類似の方法論に従うと、自然と説明責任について議論する時間が取れます。それがスプリントプランニングです。リーンやカンバンのチームではより頻繁にプルトリガーで計画活動が行われますが、それでもタスクを分解して受け入れ基準について合意する必要があります。チームで計画作りをするときには「説明責任を果たす対話」の3つの要素（現状、意図する成果、潜在的な障壁）すべてについて話し合う時間を確保します。通常のロードマップや見積もり活動にとどまらず、より多くの文脈を含めることで、チームの他のメンバーからのアイデアや協力が得られることがよくあります。例えば、プランニングセッションの結果をメールや社内チャットで公開することにより、より広範な議論を促して直接仕事で関っていない人たちに対しても説明責任を果たす機会をさらに増やすことができます。

情報発信の仕組み [114]

DevOps の一般的なプラクティスに、サイト訪問者、使用メモリ、応答時間などのシステムメトリクスをチームの島の大型モニターに表示するというものがあります。アジャイルチームやリーンチームでは、バーンダウンチャートやカンバンボードを電子的に表示したり、ホワイトボードやイーゼルで管理したりすることがよくあります。私たちのあるクライアントはすべての見込み顧客と販売プロセスにおける現在の段階をボードに表示しておいて、どんな要求が来そうか技術チームがわかるようにしています[†7]。このようなダッシュボードは、表示された情報に基づいて説明責任を果たす対話を促すのに最適です。チームメンバーは説明責任について話し合うために他の人をダッシュボードの前に連れてくることができますし、チーム外の人も表示された内容を見ながら対話に混ざることができます。

ふりかえり

スプリント終了時やプロジェクト終了時に行う進捗のふりかえりは、進行中のプロジェクトがどのように進んでいるかについて関心を持つのにちょうどいい

---

†7 その例はここ（https://www.leadingagile.com/2017/11/information-radiators-information-vaults/）でチェックできます。

タイミングです。障壁を見つけて取り除きたいときには特に有効です。ふりかえりの目的が現状報告になってしまわないようにしましょう。チームが一丸となって対話を進め、現在の状況、計画、成功の可能性を高めるために何ができるかをふりかえることで、Y理論を思い出しましょう。

デモ

意図を伝えるのにおすすめの方法の一つは動くソフトウェアのデモです。実施するのはスプリントの終わりでも、クライアントに納品するときでも、あるいは機能が完成したときでも構いません。データベースの更新のようなユーザーの目に見えない変更を「実演」することは避けましょう。その代わり、見ている人が技術者ではなくても、どういう状態のものがどうなるのかがわかるような動きを見せましょう（6章のウォーキング・スケルトンは大いに役に立ちます）。可能であれば、デモを録画して広く公開することで、遠隔地にいる人やデモに参加できない人にも情報を伝えることができます。

説明責任を果たす対話を成功させるには、たとえ驚くような結果や重大な障壁が報告されたとしても、関係者全員が前向きに取り組む必要があります。対話の終わりにはプロジェクトの現状を共有し、次のステップを明確にして議論できるようにし、障壁を見極めます。こうしたことを一つずつ行うことで、すべての関係者には、意図する成果、裁量、行うべき仕事の制約を明確にして修正する機会が与えられるはずです。私たちの経験では、このようにして成功したチームは正しいソフトウェアを構築できますし、出来上がったものにも満足できます。たとえ当初想像していたものと違っていたとしてもです。

説明責任をめぐるニコルのストーリー（続き）

内省と改訂

よし、対話を採点してみよう。対話したときはうまくいったと思ったけれど、内省をすれば改訂の余地が見つかるだろう。質問をしていないことに気づいたの

で、そのまま 0 点だ。左側を見るとボビーの理解に疑問があったが、ボビーが私の言いたいことを理解してくれることを期待して共有しなかった。そして、一つ条件反射にも気がついた。堂々と「わかりました」と言われると、本当はもっと質問した方がいいかもしれないときも受け入れてしまいがちだということだ。

　ブリーフィングを採点してみると、どの要素も十分に盛り込むことができなかったと思う。好意的にとらえれば、現在のレポートとの違いについて私が説明したことによって、目指す成果の半分は伝わったかもしれない。しかし、裁量（例えば、開発者が列を都合の良いように並べることは歓迎されるだろう）や制約（レポートはタブ区切りや列区切りではなく、エクセル形式でなければならない）については、間違いなく触れていない。というわけで、せいぜい 3 点満点中 0.5 点といったところだ。

　万事順調だという結論に飛びつくのではなく、もっと質問することで成長していきたい。ブリーフィングやバックブリーフィングに対してより体系的にアプローチすることも役に立つと思う。最後に、常に自信に満ち溢れた様子を見せようとするのではなく、自分の感じたことをもっと共有しようと思う。そうすることで、ボビーや他の人たちとより効果的に仕事ができるようになり、予期せぬ事態を避けられると期待している。

改善後の対話

　先週、私はボビーに彼が率いる開発チームの進捗状況を確認した。先の対話から学んだことを生かして、このバックブリーフィングをもっとうまくやりたかった。事前に信頼できる友人にこの話し合いのロールプレイを頼んでおいた。おかげで、前よりも他者理解を重視して対話に臨むことができた。

ニコルとボビーの対話（改訂後）

ニコルの考えや感情	ニコルとボビーの発言
ボビーは何を優先しているのだろう。	ニコル「いろいろなプロジェクトが進行中ですね。今週はどれに注力するつもりですか？」

私が思っている以上に、進捗している。ええと、ちょっと待って、これは私の条件反射だ。もっと調べてみないと。	ボビー「シンプルな設定に関する作業を終わらせる準備はできていると思います。金曜日までには終わらせられると思います」
この調査の結果をどう発表するか、まだ話し合っていない。	ニコル「いいですね！ では、その成果をどのように発表する予定ですか？」
え？ ボビーはすでに実施に移ったようだし、私はまだ提案書すら見ていない。	ボビー「先週、現在の設定オプションをすべて見直し、チームはそのほとんどを削除しました。新しいページのデモは、5つか6つのオプションだけでできると思います」
もしかして、ボビーが分析結果を発表したのに、私が見逃していたとか？	ニコル「ちょっと待ってください。各オプションの必要性を検討し、説明してくれると思っていたのですが、あなたから検討資料を受け取った覚えはありません。すでに分析を終えて、実施に移ったのですか？」
なんてこった！ はっきりさせたつもりだったのに。	ボビー「何ですって？ 私はできるだけ多くの選択肢を排除することが求められていると思っていたんですが。月曜日に設定をシンプルにすると決めたじゃないですか」
ちゃんと裏を取りたい。	ニコル「いえ、そうではありません。私が聞きたかったのは、それぞれのオプションについてあなたの意見を聞くことでした。クライアントが実際に必要としていて、使っているのはどれなのか」
私の期待通りだ。	ボビー「そうですか。では今週の予定を変えます。ページの変更を一時停止して、私はクライアントと話すことに時間を割けます。今週中に新しいページを準備することはできませんが」

このような対話ができてよかった。もし確認しなかったら、新しいページを不完全なまま公開してしまっていたかもしれない。	ニコル「それは問題ありません。オプションを残すか、取りやめるか、変更するか、どれにするにしても、より確信が持てるようになるのはいいことです」

　この対話はボビーにとっても私にとっても本当によかった。行動計画を共有することで、私たち2人は「シンプルな設定」の意味を共有しているつもりで対話に臨んだが、実際にはかけ離れていたのだ。

　以前の私なら合意したと思い、ボビーの「金曜日に終わる」という主張を受け入れていただろう。でも今回私はボビーに何をデリバリーする予定なのかを尋ね、ボビーがまったく違うことを計画していると聞いたときに感じたことを共有した。

　その結果、私たちのズレは明らかになり、大きなダメージを受ける前に修正することができた。ボビーのリスニングスキルにはまだ疑問が残るが、私が問題の一端だったことはわかった。説明責任を果たす対話を使うことで、今後ボビーともっとうまくやっていけると思う。

7.5　説明責任を果たす対話の例
7.5.1　グレースとリサ：より良い解決策を見つける

　グレースはこう言います。「クライアントとの話し合いから、彼らがエンドユーザーのエンゲージメントを重視していることはわかっている。そこで私たちはこの問題への良い解決策を考え出した。つまり、週の初めにアクティブでないユーザーへリマインダーを兼ねたメールを送信するのだ。リマインダーメールの配信準備はほぼ整っており、主要なアカウントに対して今後の予定を知らせるブリーフィングを行うために通話を予定した。クライアントのほとんどは私たちの提案に大変満足してくれた一方で、クライアントの一人であるリサはまったく異なる反応を示した」

グレースとリサの対話

グレースの考えや感情	グレースとリサの発言
リサもエンゲージメントについて心配していたことを私は知っている。きっとこの提案を喜ぶだろうから、私たちが行っていることとその理由を説明しよう。	グレース「こんにちは、リサ。来週の変更内容について説明する時間を作ってくれて、ありがとうございます。前の週にログインしなかったユーザーへ、週の初めにメールを送るようにしようと思っています。これは、エンドユーザーがシステムを十分活用していないことを心配する皆さんからの要望に応えたものです」
えっ、なんだって？ エンゲージメントについて、リサは何度も私に不満を言っていたのに。	リサ「えっ、それはやめてください！」
感謝されると思っていたのに。おかしい、他の顧客からはリマインダーメールに反対の声は上がっていない。リサにとってもエンゲージメントの問題は大きいと思うけど、確認した方が良さそう。	グレース「おや、それは意外ですね。他のクライアントとも話しましたが、そのようなお返事を受け取ったのは初めてです。最新の利用状況レポートを見ると、そちらのユーザーの 40% が非アクティブですね。それについて問題とは思われませんか？」
わあ、それは大変な話だ。私たちがユーザーに直接メールを送るのを嫌がるのも無理はない。リサにとって効果的な代案を共有してもらえて、私もうれしい。	リサ「エンゲージメントの向上は確かに私たちの目標です。ただ、すでに社内のシステムからたくさんのメールが届いており、みんな追いつけなくなっています。さらにメールが増えることに関する不満だけは避けたいのです。代わりに、非アクティブなユーザーに関する週次レポートを送っていただけないでしょうか？ そうすれば、社内で適切にフォローアップができます。」

これは良い実験になりそう。うまくいけば、他のクライアントにも提案できるかもしれない。	グレース「かしこまりました。ユーザーに直接メールを送るのではなく、非アクティブなユーザーに関する情報を受け取りたいという要望をチームに伝えます。次の四半期レビューで、そのレポートがどのように機能しているか、そしてシステムで他にできることがないかどうかを話し合いましょう」
私もそう思う！	リサ「素晴らしいです。事前に連絡してくれたおかげで、ユーザーがメールの洪水に溺れずに済み、本当に助かりました」

　問題と解決策のどちらも完全に理解できていると思い込むことはよくありますが、実際には重要な情報が欠けているケースも少なくありません。リサが気にしている問題に対し、グレースは他の数名からも支持されている解決策を持っていました。しかしグレースは、リサの組織においては E メールが受け入れられないアプローチであることを知らなかったのです。説明責任を果たすとは、たとえ自分が正しいと信じていても影響を受ける相手に自分の意図を示すことを意味します。日々協業しているチームの中であれば、意図を示すべき機会は頻繁に訪れます。しかしチーム内に限らず、部門間や企業間でも機会をうかがうことには価値があります。

7.5.2　アンディとウェイン：インシデント発生時の対応を理解する

　アンディはこう言います。「私がエンジニアリング部門の責任者を務める金融サービス会社でインシデントの事後調査を行う際には、何が起きたのかだけでなく、その時の関係者の見解を理解しようとしている。私たちの目標は当時の行動が適切だという考えに至った経緯を改めて理解することだ。なぜなら、事後に得られる知見とは関係なく、その時点で正しいと思われる行動をしていたはずだからだ。そして、私たちがシステムをどれだけ強固にしようとも、最終的にはその瞬間における人々の判断と行動こそが、予期せぬ事態に対処する鍵となる。例えば、最近私たちの本番システムでデータが消えた際、システム管理者のウェインにサービス復旧の行動を説明するよう頼んだ時のように」

アンディとウェインの対話

アンディの考えや感情	アンディとウェインの発言
私たちには通常のデータ復元プロセスがあるのに、なぜそれを使わなかったのだろうか？	アンディ「オーケー、そのテーブルが削除されてサービスがオフラインになりましたね。どうしてその時、通常のデータ復旧手順を使わなかったんですか？」
それは重要な点だ。このような部分的な障害は想定外だったに違いない。	ウェイン「実は、そのデータ復旧手順はデータベース全体が失われたか破損した場合を想定しています。今回の状況で削除されたテーブルは 1 つだけだったので、大部分のサービスはまだ正常に稼働していました。通常の復旧プロセスを実行すれば効果はあったでしょうが、それでは全サービスが 1 日以上オフラインになってしまいます」
どのプロセスにも当てはまらないのは、相当ストレスだったと思う。	アンディ「なるほど、つまり未知の状況に直面していたわけですね」
確かに、問題をさらに悪化させてしまう可能性があっただろう。	ウェイン「まさにその通りです。ドキュメントの記載に文字通りに従うこともできましたが、それでは事態を悪化させてしまったでしょう。文書化されたプロセスだったとしても、それが正しいとは思えませんでした」
	アンディ「それで、どうやって進めていったんですか？」
私ならウェインたちのやり方を取らなかったかもしれないが、ウェインたちは優先順位を正しく置いていた。	ウェイン「第一の目標は他のすべてのサービスを正常に稼働させ続けることでした。そして次の目標は、失われたテーブルを復旧し、それに依存するサービスを復元することでした。私たちはデータ復旧のためにいくつかの選択肢を検討しましたが、どれが最速かわからなかったため、複数の選択肢を並行して進めることにしました。それぞれの作業は異なる担当者が行いました」

ウェインが創造的に考えてくれて良かった。型にはまったやり方をしていたら、長時間のダウンタイムが発生し、もっと大きな問題になっていただろう。	アンディ「鋭いですね！　『複数の解決策を試す』をドキュメントに追加することを考えるべきですね」

　物事が計画通りに進まないことは避けられないので、そうした時にどのように対応するかが重要です。アンディの組織では、その瞬間に専門的な判断を行うことが期待されており、後になってその理由を説明することも期待されます。予期せぬ事態で人々を罰するためではなく、その経験からできるだけ多くを学ぶためです。これにより、組織のメンバーは臨機応変に行動して、型にはまったやり方では生み出せない良い結果を創出する裁量が与えられます。

7.6　ケーススタディ：取引の復活
7.6.1　予期せぬチャンス

　「やったぞ！」マイクは巨大なバインダーを持ってオフィスのドアを開けながら叫びました。「やったぞ！　もう一度戦える！」

　ロンドンに拠点を置くスタートアップ「アラクニス」のプロダクトマネージャー、マーカスはいぶかしげな表情で顔を上げました。マイクは数週間前に自社のマネーロンダリング対策製品の導入を断った大手銀行の担当者を訪問していました。競合他社がなぜ勝ったのか、マイクがその理由を持ち帰るはずだとマーカスは考えていました。それが次のコンペティションで競合に勝つための製品開発の糧になるはずでした。しかし、マイクは一体何を持ち帰ってきたのでしょうか？

　マイクは興奮気味にバインダーの中身を広げて言いました。「これが銀行が競合に渡した仕様書だよ。どうやら契約を取った会社はこれを見て、これらの要件をすべて満たすシステムを9カ月以内に完成させることは約束できないと言ったらしいんだ。そんなにかかるわけない。だから、その仕様書を見せてもらえるか聞いてみたら、彼らは『いいよ』って言って、これを渡してくれたんだ」

　マーカスと彼の同僚でプロダクトマネージャーのアンネグレットは、仕様書の最初の数ページにざっと目を通しました。

　「へえ、何か忘れてる項目はないのかな？」とアンネグレットが皮肉たっぷりに言

いました。「4 種類の認証方法、17 にもわたるシステムへの統合エンドポイント、そしてテストデータやプロトコルが 63 ページにわたっているのね。要件リストには1000 以上の項目があるよ」

「この膨大な仕様書をどうするつもりだったの？ マイク？」とマーカスが尋ねました。

「まあ、公式には見積もりを出すと言っただけだよ」とマイクが答えました。「でも、決定権を持つ重役のベニーが出口まで見送ってくれた時、そこで『もうすぐプロトタイプができる』って個人的に言っちゃったんだ」

マーカスとアンネグレットは互いを見つめ合い、驚いた顔で同時に尋ねました。**「どのくらいで？」**

マイクは微笑みながら「ええと、6 週間 ?」と少し恥ずかしげに言いました。

7.6.2　不可能が可能になる

そのバインダーには小さな開発チームが少なくとも 1 年かけても終わらない量の仕事が含まれていることを、マーカスとアンネグレットはすぐに理解しました。6 週間での完成は明らかに無理な話でした。しかしアラクニスでは、ブリーフィングやミッションに疑問を投げかけることが**当たり前**とされていたため、2 人は諦めず、仕様書を入念に精査し始めました。

多くの「要件」が矛盾しており、これは別々の部署が互いに配慮せず自分たちの希望を文書に加えた結果でした。また、システムが満たすべき規制要件と無関係な要素もありましたし、中にはとても実現不可能なものもありました。これらの無意味な項目を取り除くことで要求は大幅に減少しましたが、それでもまだ数百の詳細な項目が残っていました。

2 人はリストを再度精査しましたが、今度は機能を削除するのではなく、銀行が規制基準を満たしていることを証明するために絶対に必要な機能だけを選び出すことを目指しました。6 章で述べられた「ウォーキング・スケルトン」のように、これらの重要な機能がシステムの基盤となり、解決策が可能であることを証明し、さらに多くの機能を継続的に追加していくための枠組みになります。2 人は厳しいテストに合格した各項目を丁寧に選び、それらを数えました。

「6つよ！」とアンネグレットが言いました。

「信じられない。本当にそれで全部？」とマーカスが言いました。

「隅から隅まで確認したよ。他にはないよ」とアンネグレットは答えました。

「でも、買ってもらえるかな？」

「返事を待つしかないね！」

7.6.3　真実の瞬間

　数日後、深夜まで仕事に取り組んでいたことを示す中華料理のテイクアウト容器に囲まれながら、アンネグレットは慎重に作成したメールを銀行に送信しました。一つ一つの要件を分析し、なぜリストをわずか 6 項目に絞り込んだのかを丁寧に説明しました。このメールは銀行の要求に対する彼らの回答であり、自分たちの論理を共有して当初よりもはるかに小さな自分たちが定義した範囲をどのように実現するかを説明していました。6 週間の目標に向けて、複数回に分け段階的に納品する予定です。

　カンファレンスに参加していたマイクは、メールが受信トレイに届くや否や、すぐに電話をかけてきました。「これは素晴らしい内容だ！　彼らもきっと提案を受け入れてくれるだろう」

　「そう確信しているわけではない」と、マーカスは疲れた声で答えました。「我々は彼らが求めたことをほとんどすべてカットしたんだ。他の会社は何でもイエスと言っていた。そっちに発注するんじゃないか？」

　その時、アンネグレットの画面に新しいメッセージが表示されました。それは重役のベニーからでした。

　そこには「進めてください。6 週間後に会いましょう」と書かれていました。

　マーカスとアンネグレットは、約束した通りに細かくリリースしながら、開発チームと共にプロトタイプの完成に尽力しました。ベニーと彼のチームは説明責任が結果とプランにはっきりと示されていることに大満足し、製品全体の契約を結んで社内の何百ものユーザーに展開しました。

　その後、マーカスはベニーに「なぜ我々を選んだのですか？」と尋ねる機会がありました。

　ベニーははっきり答えました。「あなたたちがノーと言ったからです。あなたたちは何ができて、何ができないかを考え、その理由を私たちと共有してくれました。そして約束した通りに届けてくれました。おかげで、プロジェクトの残りの部分もあなたたちに任せられると確信できたのです」

　説明責任を果たす対話は、アラクニスとそのクライアント双方にとって、最高の成

果をもたらしました。

7.7　結論：説明責任を果たす対話を実際にやってみる

　本章では、Y 理論を採用することで**説明責任を育む**こと、ブリーフィングとバックブリーフィングを使って計画された行動の**制約と裁量**を見定めて利用すること、そして自分の意図を広く明確に示して**説明責任を果たす**ことを学びました。失敗だけではなく成功に対しても説明責任を果たすことで、経験から効果的に学ぶことができ、対話による変革を促す建設的な思考法が活性化されます。説明責任を果たす対話は次のような様々な方法で使用できます。

- **エグゼクティブリーダー**は自分の戦略的行動について組織内のメンバーに説明し、メンバーが製品や会社の目標に沿って行動できるよう支援できます。
- **チームリーダー**は新機能のテストやペネトレーションテストの実施などの行動についてチームメンバーに説明し、バックブリーフィングを受けることで正確な実行を確信することができます。
- **メンバー**は仲間や上司からやる気と能力があると評価されることを通じて、自身の内発的コミットメントとモチベーションの源泉を発見できます。信頼されることで、新しいライブラリを試したり創造的な再設計を実験したりすることを任されるかもしれません。

おわりに：学び続けるために

　おめでとうございます！ もしあなたが本書を読み終えて（結論だけに目を通すのではなく）、5つの対話を一部でも試したのであれば、慎重を要する対話への不安を克服し、慎重を要する心の機微に触れるような取り組みを行い、高いパフォーマンスを誇るチームの5つの重要な属性、すなわち高い信頼、心理的安全性、明確なWHY、明確なコミットメント、そして確固たる説明責任を身につける道を歩んでいることになります。さらに、「人のためのテスト駆動開発」、「辻褄合わせからの脱却」、「共同設計」、「ウォーキング・スケルトン」、「指示に基づく柔軟対応」など、対話の成功に貢献する様々なスキルやテクニックをマスターしています。素晴らしい成果です！

　しかし、知っておかなければならないことがあります。長い道のりを歩んできたとはいえ、これからまだ何年も練習しなければなりません。というのも、「5つの対話」はどれも終わりがないからです。人のためのテスト駆動開発を使って信頼を築いた後も、状況の変化や相手に対する見方の変化に応じて解釈（ストーリー）を調整し続ける必要があります。明確な「WHY」を共同設計した後でも、市場やあなたの会社は変化し、別の「WHY」を再構築しなければならなくなります。あなたとあなたのチームは一緒にいる間ずっと、お互いに説明責任について話し合い、お互いのコミットメントを果たすために意味のある説明を繰り返していくのです。

果てしない道

　本書を通して主張してきたように、対話の変革とは多くのアジャイル、リーン、そしてDevOpsチームが陥っているフィーチャー工場から抜け出す方法です。このことを知った以上、あなたはこれから働くチームや組織で対話による変革を推進していくことになるでしょう。つまり、あなたは生涯を通じて対話テクニックを向上させ続ける機会があるということです。楽器の演奏やスポーツの練習といった他の技能と同じように、練習を続けることでより優雅でスタイリッシュなパフォーマンスを発揮できるようになります。また、さらなる上達が常に可能であるということ自体、自分自

身にとっての挑戦となります。このメソッドを10年以上学んだ後でも、私たち2人は新しい間違いを犯し、発見を続けています。午前中は人間関係を築く素晴らしい対話ができても、午後には険悪な議論に終始し、誰もがフラストレーションを残すこともあります。対話診断のような方法を実践し続けることの真価を私たちは身をもって知っています。さらに、練習やロールプレイに辛抱強く付き合ってくれた友人たちにも大いに助けられてきました。対話を失敗するのは苦痛かもしれませんが、最も重要なスキルを開発する絶好のチャンスなのです。

学習グループを立ち上げる

　対話を上達させるうえで最も助けになる存在は、同じスキルを上達させたいと考えている仲間です。そこで私たちが最後におすすめするのは、あなたの組織やコミュニティで本書に書かれているテクニックを定期的に習得して一緒に向上していける仲間を見つけることです。組織のパフォーマンスを調査して向上させるために対話を活用するというアーガリスの戦略に従って、あなたとともに行動してくれる仲間を見つけましょう。

　他人の間違いの方が自分の間違いよりも見つけやすいのは人間の本性であり、認知バイアスの結果です。一緒に学ぶ仲間はあなたが見落とした議論の選択肢を見つけてくれるでしょうし、あなたも仲間に同じことができるでしょう。また、学習グループは意図的な練習をするのに適した場でもあり、その場でテクニックを実践してみることができ、それがどのように感じられたかについてすぐに他の人からフィードバックを得ることができます。

　学習グループを始める際にはシンプルに始め、定期的に練習する習慣をつけることを重視するようおすすめします。各々で対話診断を読み上げてもらうことから始め、対話についてグループで話し合いましょう。事前に対話を診断して採点しておけば時間を有効活用できます。しかし、準備不足を言い訳にセッションを先延ばしにするのはやめましょう。準備をしていなくてもやらないよりマシです（セッションの中で対話診断を行えば良いでしょう）。たとえわずかでも、対話診断を行えば結果につながるのです。私たちはこれまで、2人から20人までのグループで、同僚や友人、最初は見知らぬ人たちと練習セッションを行い、上司、同僚、隣人、配偶者、両親、同居人などとの対話について話し合い、成功を収めてきました。どのような対話も意識次

第で上達のチャンスとなります。

　学習グループに慣れてきたら、記事やビデオを勉強したり、さらに上達するために本書に書かれている以外のことを練習したくなるかもしれません。私たちが知っているあるグループは、アジャイルマニフェストの原則をひとつずつ実践しています。別のグループは、非暴力コミュニケーション[115]やリレーションシップジャーナリング[116]など、新しいテクニックを実践するために毎月集まっています。本書の最後にある「さらなる学びのために」では、さらなる学習のための多くのアイデアや情報源を紹介しています。そこでは本書に関連するウェブサイトで私たち2人とオンラインで連絡を取り合う方法や、本書についてのポッドキャストも紹介しています。

陸サーフィン

　本書で紹介されている対話テクニックの話題で盛り上がった長いランチタイムの後、あるクライアントがこう言いました。「サーフィンのレクチャーを受けた気分ですね。でも水に濡れてはいません」　理論的な知識はいくらでも勉強できますが、海に入って何度かボードから落ちなければ何の役にも立たないのです。

　ぜひ、私たちがお伝えした対話テクニックを定期的に実践してください。得られるものは膨大です。

対話を続けましょう

ジェフリー＆スクイレル

対話の採点：早見表

　対話診断のフォーマットに従って対話を記録したら、次のステップに従って、他者理解、自己開示、対話のパターン、本書で説明されている主要スキルの使い方について振り返ってみましょう。

- **他者理解**：質問分数を求める。
  - ○ 右側の列の疑問符をすべて丸で囲む。
  - ○ **真摯な質問**の数を数える。
  - ○ **分数**を書き出す。
  - ○ 他者理解を最大にするためには、質問（分母は大きく）をたくさんしていて、そのほとんどが真摯な質問（分子は大きく）であることが望ましい。
- **自己開示**：表現されていない考えを見つける。
  - ○ 左側の列にある考えや感情のうち、右側の列にないものに下線を引く。
  - ○ 自分の考えや感情をほとんど表現していれば（つまり、左の欄に下線が引かれている文が少なければ）、**自己開示**ができていることになる。
- **パターン**：トリガー、無意識の仕草、条件反射を見つける。
  - ○ あなたが強く反応した「トリガー」、自己開示や他者理解の欠如を示す「無意識の仕草」、お決まりの反応を示す「条件反射」に丸をつける。
  - ○ ここで挙げたような反射的な反応を避けることはおそらくできないが、起こったときに察知することなら学べる。自分のパターンをリアルタイムで左側の列か対話内容に書き留められるようになるとよい。
- **スキル**：あなたが改善しようとしている特定のスキルについてテストする（以

下のスキルのリストから選択し、ひとつずつ取り組むこと）。

- ○ **人のためのテスト駆動開発**：あなたの発言と質問に、それが属する「推論のはしご」のはしごのラベルをつける。はしごの上段付近の項目について議論する前に、はしごの下段について共通の理解を確立していれば、うまくいっていることになる。

- ○ **辻褄合わせからの脱却**：左側の列で、裏付けのない結論を数える。点数は低いほどよく、0点なら理想的。

- ○ **共同設計**：共同設計の5つの要素のうち、「人を巻き込む」、「真摯な質問をする」、「反対意見を歓迎する」、「タイムボックス」、「意思決定ルールを用いる」が観察された場合、それぞれ1点とする。5点満点中5点を目指す。

- ○ **意味に合意する**：両側の重要な単語に丸をつけ、意味が確認され、共有されている数を数える。そして分数を作成する。分数は1になる（分子が分母と等しくなる）のが理想。

- ○ **ブリーフィングとバックブリーフィング**：ブリーフィングの場合は、結果、制約、裁量を、**バックブリーフィング**の場合は、行動、理由、確認を見る。スコアが3/3になることを目標にしよう。

さらなる学びのために

コミュニケーションに関する優れた文献は数多くあります。私たちのおすすめをいくつか紹介します。

記事

下記の記事は、対話を診断するためのツールについて述べたもので、本書に収録されたのはその一部です。

- Eight Behaviours for Smarter Teams by Roger Schwarz (https://www.csu.edu.au/__data/assets/pdf_file/0008/917018/Eight-Behaviors-for-Smarter-Teams-2.pdf)
- "Putting the 'Relational' Back in Human Relationships" by Diana McLain Smith (https://thesystemsthinker.com/putting-the-relational-back-in-human-relationships/)
- "To the Rescue" by Roger Martin from the Stanford Social Innovation Review (https://ssir.org/articles/entry/to_the_rescue)
- "Skilled Incompetence" by Chris Argyris from the Harvard Business Review (https://hbr.org/1986/09/skilled-incompetence)

書籍

- ブルース・パットン、ダグラス・ストーン、シーラ・ヒーン著『話す技術・聞く技術：ハーバードネゴシエーション・プロジェクト：交渉で最高の成果を引き出す「3つの会話」』（日本経済新聞出版、2012年）は本書で説明したテクニックに関するわかりやすい入門書です。

- ロジャー・シュワルツ著『The Skilled Facilitator』およびビル・ヌーナン著『Discussing the Undiscussable』は、対話診断に関する高度な手引書であり、多くの応用例や実例を網羅しています。

- ダイアナ・マクレーン・スミス著『The Elephant in the Room』およびロジャー・マーティン著『The Responsibility Virus』では、対話テクニックを複雑なビジネス関係へ応用する具体的な方法を扱っています。

- クリス・アーガリス、ロバート・パットナム、ダイアナ・マクレーン・スミス著『Action Science』は、行動科学の手法に関する代表的な著作です。ここで引用した他の著作よりも学術的で理論的であり、オンラインで自由に利用できるという利点もあります。

- グザビエ・アマドール博士著『I'm Right, You're Wrong, Now What?: Break the Impasse and Get What You Need』では、彼が否定的な人々に対するセラピーを一般の人々に提供する中で開発したモデルが紹介されています。それがLEAP（Listen - Empathize - Agree - Partner）です。このアプローチは対話形式で、私たちが本書で述べている方法と類似しており、また応用可能であると私たちは考えています。

- マーシャル・B・ローゼンバーグ博士著『NVC：人と人との関係にいのちを吹き込む法 新訳』（日本経済新聞出版、2018年）は、単なるコミュニケーションのアプローチではなく、生きるための哲学です。この哲学に懐疑的な人であっても、自分のコミュニケーションや心構えを振り返るのに非常に役立つエクササイズを見つけることができます。

映像・音声資料

- 「Troubleshooting Agile podcast」（https://troubleshootingagile.com）で

は毎週、アジャイル、リーン、DevOps チームに関連する最新のトピックについて議論し、ソフトウェアチームのデリバリーとコミュニケーションを改善するためのアイデアとソリューションを提供しています。

- デビッド・バーンズ博士が毎週配信しているポッドキャスト「Feeling Good」（https://feelinggood.com/list-of-feeling-good-podcasts/）では、対話を変えることで人間関係がどう変わるかについて、優れた実例を定期的に紹介しています。特に関連性が高いのは、「コミュニケーションの 5 つの秘訣」と「対人関係モデル」を取り上げたエピソードです。

- 本書の関連サイトである ConversationalTransformation.com には、フォローアップ資料、ビデオ、参加できるメーリングリストなどがあります。

対面での学習

- 「The London Organisational Learning Meetup」（https://www.meetup.com/London-Action-Science-Meetup）は、ロンドンで毎月開催されています。ジェフリー・フレドリックによって運営されており、組織文化を変えることに関心のある人たちと対話を練習し、向上させる絶好の機会です。

参考文献

- AdŽić, Gojko. Specification by Example: How Successful Teams Deliver the Right Software. Shelter Island, New York: Manning, 2011.
- Allspaw, John, and Paul Hammond. "10+ Deploys per Day: Dev and Ops Cooperation at Flickr." SlideShare.net. Posted by John Allspaw, June 23, 2009. https://www.slideshare.net/jallspaw/10-deploys-per-day-dev-and-ops-cooperation-at-flickr.
- Anderson, David J. Kanban: Successful Evolutionary Change for Your Technology Business. Sequim, WA: Blue Hole Press, 2010.
- Appleton, Brad. "The First Thing to Build Is TRUST!" Brad Appleton's ACME Blog. February 3, 2005. http://bradapp.blogspot.com/2005/02/first-thing-to-build-is-trust.html.
- Argyris, Chris. Organizational Traps: Leadership, Culture, Organizational Design. Oxford: Oxford University Press, 2010.
- Argyris, Chris. "Skilled Incompetence." Harvard Business Review (September, 1986): hbr.org/1986/09/skilled-incompetence.
- Argyris, Chris, Robert Putnam, and Diana McLain Smith. Action Science: Concepts, Methods, and Skills for Research and Intervention. San Francisco, CA: Jossey-Bass, 1985.
- Argyris, Chris, and Donald Schön. Theory in Practice: Increasing Professional Effectiveness. San Francisco, CA: Jossey-Bass, 1974.
- Ayer, Elizabeth. "Don't Ask Forgiveness, Radiate Intent." Medium.com. June 27, 2019. https://medium.com/@ElizAyer/dont-ask-forgiveness-radiate-intent-d36fd22393a3.
- Beck, Kent. Extreme Programming Explained: Embrace Change. Reading, MA: Addison-Wesley, 2000.
- Beck, Kent. Test-Driven Development: By Example. Boston, MA: Addison-Wesley, 2003.
- Beck, Kent, et al. "Manifesto for Agile Software Development." AgileManifesto.org. 2001. https://agilemanifesto.org.

- Beck, Kent, et al. "Principles Behind the Agile Manifesto." AgileManifesto.org. 2001. https://agilemanifesto.org/principles.html.
- Brown, Brené. Rising Strong: How the Ability to Reset Transforms the Way We Live, Love, Parent, and Lead. New York: Spiegel & Grau, 2015.
- Bungay, Stephen. The Art of Action: How Leaders Close the Gaps between Plans, Actions and Results. New York: Hachette, 2011.
- Burns, David. Feeling Good Together: The Secret to Making Troubled Relationships Work. New York: Random House, 2010.
- Center for Nonviolent Communication. "Feelings Inventory." Accessed Septem- ber 23, 2019. https://www.cnvc.org/training/resource/feelings-inventory. Cockburn, Alistair. Agile Software Development: The Cooperative Game, 2nd ed.
- Boston, MA: Addison-Wesley, 2007.
- Cockburn, Alistair. "Characterizing People as Non-Linear, First-Order Components in Software Development." Humans and Technology. HaT Technical Report 1999.03, October 21, 1999. http://web.archive.org/web/20140329203655/http://alistair.cockburn.us/Characterizing+people+as+non-linear,+first-order+components+in+software+development.
- Cockburn, Alastair. "Heart of Agile." HeartofAgile.com. 2016. https://heartofagile.com.
- Coleman, Mark. "A Re-Imagining of the Term; 'Full-Stack Developer.'" Amster- dam DevOpsDays 2015 proposal. Accessed Feruary 3, 2020. https://legacy.devopsdays.org/events/2015-amsterdam/proposals/mark-robert-coleman___a-re-imagining-of-the-term-full-stack-developer/.
- Cutler, John. "12 Signs You're Working in a Feature Factory," Hacker Noon (blog). Medium.com. November 16, 2016. https://medium.com/hackernoon/12-signs-youre-working-in-a-feature-factory-44a5b938d6a2.
- Debois, Patrick. "Agile Operations—Xpdays France 2009." SlideShare .net. Novem- ber 27, 2009. https://www.slideshare.net/jedi4ever/agile-operations-xpdays-france-2009.
- Dennett, Daniel. From Bacteria to Bach and Back: The Evolution of Minds. New York: W. W. Norton, 2017.
- Derby, Esther, and Diana Larsen. Agile Retrospectives: Making Good Teams Great. Raleigh, NC: Pragmatic Bookshelf, 2006.
- Duff, John D., and Louis E. Dietrich. Dehydrated flour mix and process of mak- ing the same. US Patent 2,016,320, filed June 13, 1933, and issued October 8, 1935, https://pdfpiw.uspto.gov/.piw?Docid=02016320.
- Edmondson, Amy. Teaming: How Organizations Learn, Innovate, and Compete in the Knowledge Economy. Hoboken, NJ: Jossey-Bass, 2012.
- Financial Times. "FT Tops One Million Paying Readers." Financial Times. April 1, 2019. https://aboutus.ft.com/en-gb/announcements/ft-tops-one-million-

one-million-paying-readers/.

- Fisher, Roger, William Ury, and Bruce Patton. Getting to Yes: Negotiating Agreement without Giving In. New York: Houghton Mifflin, 1991.

- Fitz, Timothy. "Continuous Deployment at IMVU: Doing the Impossible Fifty Times a Day." Timothy Fitz (blog). February 10, 2009. http://timothyfitz.com/2009/02/10/continuous-deployment-at-imvu-doing-the-impossible-fifty-times-a-day/.

- Forsgren, Nicole, Jez Humble, and Gene Kim. Accelerate: The Science of Lean Software and DevOps: Building and Scaling High Performing Technology Orga- nizations. Portland, OR: IT Revolution, 2018.

- Fowler, Martin. "Writing the Agile Manifesto." MartinFowler.com (blog). July 9, 2006. https://martinfowler.com/articles/agileStory.html.

- Goldratt, Eliyahu M. and Jeff Cox. The Goal. Aldershot, England: Gower Publishing, 1984.

- Griffin, Dale, and Lee Ross. "Subjective Construal, Social Inference, and Human Misunderstanding." Advances in Experimental Social Psychology 24 (1991): 319–359.

- Harari, Yuval Noah. Homo Deus: A Brief History of Tomorrow. London: Harvill Secker, 2015.

- Harari, Yuval Noah. Sapiens: A Brief History of Humankind. New York: Harper, 2014.

- Highsmith, Jim. "History: The Agile Manifesto." AgileManifesto.org. 2001. https://agilemanifesto.org/history.html.

- Hihn, Jairus, et al. "ASCoT: The Official Release; A Web-Based Flight Software Estimation Tool." Presentation. 2017 NASA Cost Symposium, NASA Headquarters, Washington, DC. https://www.nasa.gov/sites/default/files/atoms/files/19_costsymp-ascot-hihn_tagged.pdf.

- Humble, Jez, Joanne Molesky, and Barry O'Reilly. Lean Enterprise: How High Performance Organizations Innovate at Scale. Boston, MA: O'Reilly, 2015.

- Humphrey, Watts S. Characterizing the Software Process: A Maturity Framework. Pittsburgh, PA: Software Engineering Institute, Carnegie Mellon Univer- sity, 1987. ftp://ftp.cert.org/pub/documents/87.reports/pdf/tr11.pdf.

- Kahneman, Daniel. Thinking, Fast and Slow. New York: Farrar, Straus and Giroux, 2011.

- King, Martin Luther, Jr. "I Have a Dream." Speech. Washington, DC, August 28, 1963. American Rhetoric, mp3 recording. Last updated February 14, 2019. http://www.americanrhetoric.com/speeches/mlkihaveadream.htm.

- Kurtz, Cynthia F. and David J. Snowden. "The New Dynamics of Strategy: Sense-Making in a Complex and Complicated World." IBM Systems Journal 42, no. 3 (2003): 462–483.

- Latané, Bibb, and John M. Darley. The Unresponsive Bystander: Why Doesn't He Help? Upper Saddle River, NJ: Prentice-Hall, 1970.

- Lencioni, Patrick. The Five Dysfunctions of a Team: A Leadership Fable. New York: Wiley & Sons, 2010.
- Martirosyan, Arthur. "Getting to 'Yes' in Iraq." Mercy Corps blog. July 1, 2009. https://www.mercycorps.org/articles/iraq/getting-yes-iraq.
- McGregor, Douglas. The Human Side of Enterprise, Annotated Edition. New York: McGraw-Hill, 2006.
- Mezak, Steve. "The Origins of DevOps: What's in a Name?" DevOps.com. January 25, 2018. https://devops.com/the-origins-of-devops-whats-in-a-name/.
- Murphy, Gregory. The Big Book of Concepts. Boston: MIT Press, 2004.
- NASA. Report to the President by the Presidential Commission on the Space Shuttle Challenger Accident. Washington, DC: NASA, 1986.
- Nelson, Daniel, ed. A Mental Revolution: Scientific Management Since Taylor. Columbus, OH: Ohio State University Press, 1992.
- Park, Michael Y. "A History of the Cake Mix, the Invention that Redefined
- Baking." Bon Appétit blog. September 26, 2013. https://www.bonappetit.com/entertaining-style/pop-culture/article/cake-mix-history.
- Pflaeging, Niels. "Why We Cannot Learn a Damn Thing from Toyota, or Semco," LinkedIn, September 13, 2015. https://www.linkedin.com/pulse/why-we-cannot-learn-damn-thing-from-semco-toyota-niels-pflaeging/.
- Poole, Reginald. The Exchequer in the Twelfth Century. Oxford: University of Oxford, 1911. https://socialsciences.mcmaster.ca/econ/ugcm/3ll3/poole/exchequer12c.pdf.
- Poppendieck, Mary, and Tom Poppendieck. Lean Software Development: An Agile Toolkit. Boston: Addison Wesley, 2003.
- Reinertsen, Donald. "An Introduction to Second Generation Lean Product Development." Presentation. Lean Kanban France 2015. https://www.slideshare.net/don600/reinertsen-lk-france-2015-11-415.
- Ries, Eric. The Lean Startup: How Today's Entrepreneurs Use Continuous Innovation to Create Radically Successful Businesses. London: Penguin, 2011.
- Rogers, Bruce. "Innovation Leaders: Inc.Digital's Michael Gale On Digital Transformation." Forbes. January 16, 2018. https://www.forbes.com/sites/brucerogers/2018/01/16/innovation-leaders-inc-digitals-michael-gale-on-digital-transformation/#45d9ee157693.
- Rogers, Bruce. "Why 84% of Companies Fail at Digital Transformation." Forbes. January 7, 2016. https://www.forbes.com/sites/brucerogers/2016/01/07/why-84-of-companies-fail-at-digital-transformation/#5d0b0759397b.
- Roos, Daniel, James Womack, and Daniel Jones. The Machine That Changed the World: The Story of Lean Production. New York: Harper Perennial, 1991. Rosenberg, Marshall. Nonviolent Communication: A Language of Life, 3rd ed.
- Encinitas, CA: Puddledancer Press, 2015.

- Schwarz, Roger. "Eight Behaviors for Smarter Teams." Roger Schwarz & Associates website. 2013. https://www.csu.edu.au/___data/assets/pdf_file/0008/917018/Eight -Behaviors-for-Smarter-Teams-2.pdf.
- Schwarz, Roger. Smart Leaders, Smarter Teams: How You and Your Team Get
- Unstuck to Get Results. San Francisco, CA: Jossey-Bass, 2013.
- Senge, Peter. The Fifth Discipline: The Art and Practice of the Learning Organization. New York: Currency Doubleday, 1990.
- Sheridan, Richard. Joy, Inc.: How We Built a Workplace People Love. New York: Penguin Group, 2013.
- Shipler, David. "Reagan and Gorbachev Sign Missile Treaty and Vow to Work for Greater Reductions." NYTimes. December 9, 1987. https://www.nytimes.com/1987 /12/09/politics/reagan-and-gorbachev-sign-missile-treaty-and-vow-to-work-for.html.
- Shipman, Anna. "After the Launch: The Difficult Teenage Years." Presentation. Continuous Lifecycle 2019. https://www.slideshare.net/annashipman/after-the-launch- the-difficult-teenage-years.
- Shipman, Anna. "How Do You Delegate to a Group of People?" Anna Shipman (blog). June 21, 2019. https://www.annashipman.co.uk/jfdi/delegating-to-a-team. html.
- Silvers, Emma. "A New Guest at Your House Show: The Middleman." KQED website. April 28, 2017. https://www.kqed.org/arts/13114272/sofar-sounds-house- shows-airbnb-middleman.
- Sinek, Simon. "How Great Leaders Inspire Action." Filmed September 2009 in Newcastle, WY. TED video, 17:49. https://www.ted.com/talks/simon_sinek_how_ great_leaders_inspire_action.
- Sinek, Simon. Start with Why: How Great Leaders Inspire Everyone to Take Action. London: Penguin, 2011.
- The Standish Group. The CHAOS Report: 1994. Boston, MA: The Standish Group, 1995. https://www.standishgroup.com/sample_research_files/chaos_report_1994.pdf.
- Travaglia, Simon. "Data Centre: BOFH." The Register. 2000–19, https://www. theregister.co.uk/data_centre/bofh/.
- Travaglia, Simon "The Revised, King James Prehistory of BOFH. Revision: 6f." The Bastard Operator from Hell (blog). Accessed October 23, 2019. http://bofharchive. com/BOFH-Prehistory.html.
- Vaughan, Diane. The Challenger Launch Decision: Risky Technology, Culture, and Deviance at NASA. Chicago, IL: University of Chicago Press, 1996.
- Weinberg, Gerard M. The Secrets of Consulting: A Guide to Giving and Getting Advice Successfully. Gerard M. Weinberg, 2011.
- West, Dave. "Water-Scrum-Fall Is the Reality of Agile for Most Organiza- tions Today." Forrester. July 26, 2011. https://www.verheulconsultants.nl/water-scrum-fall_ Forrester.pdf.

脚注

はじめに

[1] Lencioni, Five Dysfunctions of a Team, "Exhibition."
[2] Lencioni, Five Dysfunctions of a Team, "Understanding and Overcoming the Five Dysfunctions."
[3] Coleman, "A Re-Imagining of the Term."
[4] Lencioni, Five Dysfunctions of a Team.
[5] Sinek, Start with Why.

1章

[6] Michael Gale, as quoted in Rogers, "Why 84% of Companies Fail."
[7] Michael Gale, as quoted in Rogers, "Innovation Leaders."
[8] Cutler, "12 Signs You're Working in a Feature Factory."
[9] Nelson, A Mental Revolution, 5–11.
[10] The Standish Group, The CHAOS Report: 1994, 3.
[11] Humphrey, Characterizing the Software Process, 2.
[12] Cockburn, "Characterizing People as Non-Linear, First-Order Components."
[13] Cockburn, "Characterizing People as Non-Linear, First-Order Components."
[14] Cockburn, "Characterizing People as Non-Linear, First-Order Components."
[15] Roos, Womack, and Jones, The Machine That Changed the World, 52.
[16] Fitz, "Continuous Deployment at IMVU."
[17] Highsmith, "History: The Agile Manifesto."
[18] Highsmith, "History: The Agile Manifesto."
[19] Fowler, "Writing the Agile Manifesto."
[20] Beck, et al., "Manifesto for Agile Software Development."
[21] Beck, et al., "Principles Behind the Agile Manifesto."
[22] Poppendieck and Poppendieck, Lean Software Development, xxv.

[23] Poppendieck and Poppendieck, Lean Software Development, 101.

[24] Debois, "Agile Operations."

[25] Mezak, "The Origins of DevOps."

[26] Allspaw and Hammond, "10+ Deploys per Day."

[27] Allspaw and Hammond, "10+ Deploys per Day."

[28] Travaglia, "The Revised, King James Prehistory of BOFH."

[29] Eric Minick, private correspondence with the authors, July 12, 2019.

[30] West, "Water-Scrum-Fall Is the Reality."

[31] Sheridan, Joy, Inc., 19.

[32] Pflaeging, "Why We Cannot Learn a Damn Thing."

[33] Kurtz and Snowden, "The New Dynamics of Strategy," 462–483.

[34] Kurtz and Snowden, "The New Dynamics of Strategy," 469.

2章

[35] Harari, Sapiens, 20.

[36] Dennett, From Bacteria to Bach and Back, Chapter 14.

[37] Harari, Sapiens, Chapter 2.

[38] Harari, Homo Deus, 158.

[39] Forsgren, Humble, and Kim, Accelerate, 31.

[40] Argyris, Putnam, and McLain Smith, Action Science, 79.

[41] Argyris and Schön, Theory in Practice.

[42] Argyris and Schön, Theory in Practice, 6–7.

[43] Argyris, Putnam, and McLain Smith, Action Science, 81–83.

[44] Argyris, Organizational Traps, 61.

[45] Argyris, Organizational Traps, 17.

[46] Argyris, Putnam, and McLain Smith, Action Science, 98–102.

[47] Argyris, Putnam, and McLain Smith, Action Science, 90–99.

[48] Argyris, "Skilled Incompetence," 5.

[49] Argyris, Putnam, and McLain Smith, Action Science, 88–98.

[50] Cockburn, "Characterizing People as Non-Linear."

[51] Cockburn, "Characterizing People as Non-Linear."

[52] Loosely based on Schwarz, "Eight Behaviors for Smarter Teams."

[53] Rosenberg, Nonviolent Communication, 115.

[54] Center for Nonviolent Communication, "Feelings Inventory."

[55] Rosenberg, Nonviolent Communication, 93.

[56] Argyris, Putnam, and McLain Smith, Action Science, 98.

3章

[57] Appleton, "The First Thing to Build Is TRUST."

[58] Brown, Rising Strong, 86.

[59] Kahneman, Thinking, Fast and Slow, 85.

[60] Beck, Test-Driven Development, xvi.

[61] Argyris, Putnam, and McLain Smith, Action Science, 57.

[62] Argyris, Putnam, and McLain Smith, Action Science, 58.

4章

[63] Edmondson, Teaming, Chapter 4.

[64] Edmondson, Teaming, Chapter 4.

[65] Beck, Extreme Programming Explained, 33.

[66] Allspaw and Hammond, "10+ Deploys per Day."

[67] Bibb Latané and John M. Darley, Unresponsive Bystander, 46.

[68] Vaughan, The Challenger Launch Decision.

[69] NASA, Report of the Presidential Commission, Appendix F.

[70] Kahneman, Thinking, Fast and Slow, Chapter 1.

[71] Kahneman, Thinking, Fast and Slow, 85.

5章

[72] Sinek, "How Great Leaders Inspire Action."

[73] Sinek, Start with Why, 94.

[74] King, "I Have a Dream."

[75] Martirosyan, "Getting to 'Yes' in Iraq"; Fisher, Ury, and Patton, Getting to Yes, 23.

[76] Argyris, "Skilled Incompetence," 5.

[77] Senge, The Fifth Discipline, 185.

[78] Park, "A History of the Cake Mix."

[79] Duff and Dietrich, Dehydrated flour mix.

[80] Gerald M. Weinberg, The Secrets of Consulting, 177.

[81] Gerald M. Weinberg, The Secrets of Consulting, 177.

[82] Schwarz, "Eight Behaviors for Smarter Teams."

6章

[83] Schwarz, Smart Leaders, Smarter Teams, 99.

[84] Murphy, The Big Book of Concepts.

[85] AdŽić, Specification by Example.

[86] Silvers, "A New Guest at Your House Show."

[87] Cockburn, Agile Software Development, 357.

[88] Hihn, et al., "ASCoT: The Official Release."

[89] Shipman, "How Do You Delegate to a Group of People?"

[90] Financial Times, "FT Tops One Million Paying Readers."

[91] Shipman, "How Do You Delegate to a Group of People?"

[92] Shipman, "How Do You Delegate to a Group of People?"

[93] Shipman, "How Do You Delegate to a Group of People?"

[94] Shipman, "How Do You Delegate to a Group of People?"

[95] Shipman, "After the Launch: The Difficult Teenage Years."

[96] Shipman, "How Do You Delegate to a Group of People?"

7章

[97] Merriam-Webster Dictionary, s.v. "account," accessed July 20, 2019, https://www.merriam-webster.com/dictionary/account.

[98] Poole, The Exchequer in the Twelfth Century, 128.

[99] Poole, The Exchequer in the Twelfth Century, 139.

[100] Poole, The Exchequer in the Twelfth Century, 100.

[101] Poole, The Exchequer in the Twelfth Century, 34.

[102] Poole, The Exchequer in the Twelfth Century, 127.

[103] Poole, The Exchequer in the Twelfth Century, 107.

[104] McGregor, The Human Side of Enterprise, 43 and 59.

[105] Pflaeging, "Why We Cannot Learn a Damn Thing."

[106] Griffin and Ross, "Subjective Construal," 319–359.

[107] Bungay, The Art of Action.

[108] Bungay, The Art of Action, 50.

[109] Bungay, The Art of Action, 123–130.

[110] Reinertsen, "An Introduction to Second Generation Lean Product Development."

[111] Bungay, The Art of Action, 123–130.

[112] Ayer, "Don't Ask Forgiveness, Radiate Intent."

[113] Shipler, "Reagan and Gorbachev Sign Missile Treaty."

[114] Cockburn, Agile Software Development, 98.

おわりに

[115] Rosenberg, Nonviolent Communication.

[116] Burns, Feeling Good Together.

謝辞

本書は多くの対話の上に成り立っています。喜びあり、苦しみあり、すべてが学びの源になります。ここに挙げている人たちとの対話によって私たちは成長し、学ぶことができました。そのことについて私たちは深く感謝しています。

ベンジャミン・ミッチェルはクリス・アーガリスの仕事を紹介してくれて、私たちが対話診断やその他多くのことを学ぶのに辛抱強く付き合ってくれました。ワシーム・タージ、アンディ・パーカー、ジェイミー・ミル、リサ・ミラーは、私たちと一緒に対話診断の方法を学び、慎重を要するやりとりを恐れずにできるよう手伝ってくれました。TIM グループの創設者であるリッチ・コッペルとコリン・バースー、そして多くの社員の方々は、私たち（特にジェフリー）と一緒に、自己開示と他者理解に基づく学習型組織の成長を実験してくれました。スティーブ・フリーマンは TIM グループの変革のストーリーを語るよう私たちを励ましてくれました（本書ではそのストーリーは語っていませんが変革の背景にある対話を共有しています）。

私たちの CTO メンタリングサークルと、ロンドン組織学習ミートアップの参加者の方々はここに書かれている多くのコンセプトを試す場となってくれました。

クリス・アーガリスとドナルド・シェーンの理論が本書の多くを支えています。また、アクション・デザインのフィリップ・マッカーサー、ロバート・パットナム、ダイアナ・マクレーン・スミス、ロジャー・シュワルツなど、二人の考えを発展させた人々もいます。

パトリック・レンシオーニは階層的機能不全のモデルによって対話の順序を教えてくれました。エイミー・エドモンドソンは「心理的安全性」という言葉を教えてくれました。サイモン・シネックは「WHY」の価値を教えてくれました。スティーブ

ン・バンゲイはブリーフィングとバックブリーフィングの価値を教えてくれました。
ブレネー・ブラウンは私たちが自分自身に語りかけているストーリーを言葉にする手
助けをしてくれました。デビッド・バーンズ博士は対話のフラクタルな性質、つまり
私たちが対人関係の現実を創り出しているということを理解する手助けをしてくれま
した。

アリスター・コーバーン、ケント・ベック、そして初期のアジャイルソフトウェア
開発コミュニティの人々に感謝します。メアリー・ポッペンディーク、トム・ポッペ
ンディーク、エリック・リース、そしてリーン思考をソフトウェアの世界に持ち込
む手助けをしてくれた方々に感謝します。パトリック・デボワ、ジョン・オールスポ
ウ、ポール・ハモンドはラストワンマイルに残っていたサイロを打ち砕くのに貢献し、
DevOps がツールだけでなく文化に関するものであることを確実にしてくれました。

ゲッコーボード社（ポール・ジョイスとレオ・カサラーニ）、アンメイド社、そして
アラクニス社に感謝します。

アンナ・シップマンに感謝します。その洞察に満ちたブログ記事はケーススタディ
となりました。

ソファーサウンズ社の記事を掲載させてもらいました。

セルジウシュ・ブレジャには、彼とともに作成したケーススタディを掲載させても
らいました。

ベルギー連邦年金局、ティエリー・ド・パウ、トム・ジャンスは、プロジェクトの
詳細をケーススタディとして掲載することを快く許可してくれました。

エリザベス・ヘンドリクソンは、本書の題材に興奮して IT 改革のことを紹介して
くれ、さらに、診断のレパートリーに条件反射を加えることを提案してくれました。

マーク・コールマンは、重要な局面で非常に有益なアドバイスをくれ、「慎重を要
する心の機微に触れるような取り組み」という概念を教えてくれました。

エリック・ミニックに感謝します。「どこまで進んだか」についての視点がとても
参考になりました。クリス・マッツとシリロ・ウォーテルは、この本が形になるまで
の間、ストーリーやアイデアを共有してくれました。

イアン・オズバルドはかなりの初期から貴重なアドバイスと人脈を与えてくれまし
た。ゴイコ・アジッチは出版とコンサルティングの経験を元に多くの情報とアドバイ
スを共有してくれました。また、テストと製品管理に対する陽気なアプローチは参考
になりました。

ポール・ジュリアスに感謝します。私たちがカンファレンスを創設することを提案してくれたおかげで、スクイレルとジェフリーが出会うことになりました（その他にも多くのことがありました）。そして、そのカンファレンスである CITCON（Continuous Integration and Testing Conference）の参加者の方々に対して、私たちが長年にわたってこの本を約束してきました。

アラン・ワイスとジェラルド・ワインバーグは、本の出版と販売促進に関する著作を通じて終始私たちにインスピレーションを与えてくれました。

ローレル・ルマとメリッサ・ダフィールドは、まだこの本の形になる前の私たちの最初のアイデアを固めてくれました。

アンナ・ノークは、企画書と執筆の段階を通じて、辛抱強いフィードバックをしてくれました。そして、本書に多くの形で貢献してくれた IT 改革に関わる多くの人々に感謝します。

私たちのポッドキャスト「トラブルシューティング・アジャイル」のリスナーは、ストーリーやアドバイスを提供し、私たちのアイデアの多くの相談相手になってくれました。ミッシェル・チョイとローラ・スタックはポッドキャストのエンジンが常に動くようにしてくれています。

この 20 年間、私たちのコーチングを受け、私たちに学ぶことを許してくれた多くの人々とチームに感謝します。

ジェリー・シャーマンとジョー・ビューラーは、スクイレルに知的努力の喜びを教えてくれました。

パット・ヤネズ、ロン・フレデリック、マリリン・フレデリックの3人は、ジェフリーにこの難題に挑戦する背景を与えてくれました。

ロバート・シュースラーの慧眼と迅速な対応に感謝します。

そして最後に、私たちの家族に感謝します。アンドレアス、アントン、エリアナ、エメリン、リアン、リサ、スター。辛抱強く私たちを信じ続け、かけがえのない支えとなってくれました。

訳者あとがき

　この本をお手にとっていただきまして、ありがとうございます。本書は Douglas Squirrel 氏と Jeffrey Fredrick 氏の著作『Agile Conversations: Transform Your Conversations, Transform Your Culture』（IT Revolution Press, 2020）の全訳です。

　「アジャイル」と冠された本は数え切れませんが、その中でも本書はアジャイル導入における「最後のワンピース」を埋めるものです。組織にアジャイルを導入しようとした際に最初にフォーカスされがちなのはプラクティスです。WBS をバーンダウンチャートに、要件定義書をユーザーストーリーに置き換えはしたものの結局何も変わらなかったという経験のある方も多いのではないでしょうか。プラクティスによってアジャイルを実現しようとする試みの根底には「アジャイルを導入することで効率化を図ろう」という誤解があります。やるべきことが洗い出されていて、それをできる限り早く終わらせたいのであれば、とるべき手法は「アジャイル的なもの」ではあり得ません。緻密な段取りと分業そして進捗管理という伝統的なやり方が答えになります。一方で、何が正解かわからない状況で、指揮官の指示に従うのではなく、現場の知恵も総動員して進むべき道を一緒に考えなければいけないのだとしたらどうでしょう。その時は「すべてを洗い出して効率的に進める」という作戦がとれない以上、仮説を検証しながら段階的に進めていくしかありません。そのような時の主役はプロセスをうまく進める「手法」ではなく、考えながら進める「人」になります。これが、アジャイルの最後のワンピース（もしかしたら最初のワンピース）が「人」であると言われる理由です。

　この「結局は人」という、繰り返されてきたテーマに対する著者のアプローチが

「対話」です。何が正解かわからない状況であれば、組織のメンバー一人一人が考え議論し合意を形成しながら進んでいかなければなりません。それに欠かせない対話を変革することが、組織をアジャイルにしていくことの第一歩だというのです。ただ、本書で語られる対話は決して突飛なものではありません。根底に置かれているのは『ハーバード流交渉術』（三笠書房、1989 年）、『あなたのチームは、機能してますか？』（翔泳社、2003 年）、『NVC：人と人との関係にいのちを吹き込む法 新訳』（日本経済新聞出版、2018 年）といった名著であり、本書の主張は突き詰めれば、他者理解（curiosity）と自己開示（transparency）という 2 つの価値観に尽きます。「他者理解が弱ければ自分の主張をするだけになってしまうし、自己開示ができなければ人の話を聞くだけになってしまう。だから両者のバランス感覚が大事なのだ」と言われれば、異を唱える人はいないでしょう。

　そのうえで本書の特徴はその具体性です。対話を通じて組織を変革するためには、自分自身が対話の場において何を考え、何を話したのかを振り返り、他者理解と自己開示をより高めなければなりません。そのための具体的な手法として使われているのが「対話診断」です。「自分と相手の発言」と「その時に考えていたこと」を並べて書くというシンプルな手法ですが、見た目以上に学びが多く、対話における自分のクセ（言いたいことを飲み込んでしまう時のパターンなど）が明らかになりますので、少なくとも一度は試してみてください。次に組織変革に向けて、①信頼関係の構築、②心理的安全性の確立、③動機の共有、④コミットメントの実施、⑤説明責任の遂行という 5 ステップが提起されます。この「全体像とステップ」が示されていることは実践するうえで大きな意味を持ちます。例えば、弱みを見せる、お互いの解釈（ストーリー）を一致させる（信頼を築く対話）、意思決定をする際には関係者を巻き込む（WHY を作り上げる対話）など、個別には実践できていることもあると思います。しかし、全体像が示されることで、できていないことややっていないことが明らかになり、ステップが示されることでどこから手をつけたらいいかが明らかになります。つまり、本書は組織改革のために「何をすべきか」、そして「具体的にどうしたらいいか」を教えてくれるのです。

　著者がターゲットとしている読者がソフトウェアに関わる人であることは間違いありません。1 章でアジャイルの歴史を丁寧に振り返っている点からはもちろんですし、本書の中で多く取り上げられている対話例もソフトウェア開発の現場に寄っているものが少なくない点からもわかります。しかし、本書のスコープはソフトウェア開

発組織に留まるものではありません。既存のビジネスモデルを超えて新しい領域に足を踏み出していこうと試みる方々にとっても間違いなく道標となるでしょう。

このように学びが多い本ではありますが、本書は決して堅苦しい教本ではありません。各章で紹介される対話やケーススタディは身近で、共感できるものも多くあります。読者の方々が本書を楽しんでくださり、得られた学びを通じて組織がより良くなっていくのであれば、訳者としてこれに勝る喜びはありません。

謝辞

本書の刊行に際しては多くの方々に多大なるご協力をいただきました。深く感謝いたします。

株式会社オライリー・ジャパンの高恵子さんに感謝します。本書を翻訳したいという私たちの提案を受け止め、実現してくださいました。

レビューアの皆様に感謝します。石川裕睦さん、今川裕士さん、笹健太さん、安井力さん（50 音順）。限られた時間の中で丁寧に原稿を読み、鋭い指摘をくださいました。この方々に磨かれて、本書ははるかに読みやすいものになりました。もちろん、誤訳や読みにくい箇所があれば、それは翻訳者である私たちの責任です。

最後に、日々の生活と仕事において、私たちを支えてくださっているすべての方々に、深くお礼申し上げます。

2024 年 3 月

宮澤明日香、中西健人、和智右桂

索引

● 著者紹介

Douglas Squirrel（ダグラス・スクイレル）

コーディング歴 40 年、ソフトウェアチームを率いて 20 年になる。あらゆる規模の
テクノロジー組織において、対話の力を使って生産性を飛躍的に向上させている。こ
れまで、フィンテックから e コマースまで、新興企業の CTO としてソフトウェア・
チームを成長させ、イギリス、アメリカ、ヨーロッパの 60 以上の組織で製品改善の
コンサルティングを行い、対話の改善、ビジネス目標への整合、建設的な対立の創出
について数々のリーダーを指導してきた。1450 年に建てられた木組みのコテージに
住んでいる。

Jeffrey Fredrick（ジェフリー・フレデリック）

ソフトウェア開発の専門家として国際的に認められており、ビジネスとテクノロジー
の両側面をカバーする 25 年以上の経験がある。XP とアジャイルプラクティスをい
ち早く取り入れたジェフリーは、アメリカ、ヨーロッパ、インド、そして日本でカン
ファレンスのスピーカーとして活躍している。先駆的なオープンソースプロジェク
ト CruiseControl での活動や、Continuous Integration and Testing Conference
(CITCON) の共同主催者としての役割を通じ、ソフトウェア開発に世界的な影響を
与えてきた。ジェフリーのシリコンバレーでの経験には、製品管理担当副社長、エ
ンジニアリング担当副社長、チーフ・エバンジェリストなどがある。また、独立系
コンサルタントとして、企業戦略、製品管理、マーケティング、インタラクション
・デザインなどのテーマに取り組んできた。現在はロンドンを拠点に、アキュリス
傘下の TIM グループのマネージング・ディレクターを務めている。また、London
Organisational Learning Meetup を主宰し、CTO Craft を通じて CTO のメンターも
務めている。

● 訳者紹介

宮澤 明日香（みやざわ あすか）

大学卒業後、エンタテインメント総合商社に入社。情報システム部にて社内の基幹システムリプレイスプロジェクトに参加し、業務整理や要件定義、ユーザー導入などを担当。2022年、株式会社フルストリームソリューションズに入社。現在はクライアント企業の基幹システムリプレイスプロジェクトにおいて、情報システム部門および事業部門の方々と深く関わりながら業務整理からユーザー導入に至る業務を行っている。

中西 健人（なかにし けんと）

大学卒業後、関東を中心にスーパーマーケットを展開する企業に入社。本社情報システム部に8年勤務。小売業のIT保守運用・開発を経験した後、店舗DXのチームリーダーとして、店舗でのIoT機器導入や社内グループウェアの刷新を実施。2022年、株式会社フルストリームソリューションズに入社。現在はクライアント企業の基幹システムリプレイスプロジェクトにおいて、主に品質保証プロセスを担当している。

和智 右桂（わち ゆうけい）

株式会社フルストリームソリューションズ代表取締役社長。これまでSIerおよびエンタテインメント系総合商社で、開発プロセスの標準化やアーキテクチャ設計、大規模システム開発のマネジメントなどに従事。現在は、事業会社のデジタルを活用した業務改革／組織改革をサポートするサービスを展開している。主な訳書に『エリック・エヴァンスのドメイン駆動設計』（翔泳社、2011年）、『継続的デリバリー』（KADOKAWA、2017年）、『組織パターン』（翔泳社、2013年）、『リーダーの作法』（オライリー・ジャパン、2022年）がある。また、著作に『スモール・リーダーシップ』（翔泳社、2017年）がある。